"三北"工程理论与实践

科学、原理与技术

张景波　黄雅茹　等 ◎ 著

图书在版编目（CIP）数据

磴口模式科学、原理与技术 / 张景波等著. -- 北京 ：
中国林业出版社，2024. 9. -- ISBN 978-7-5219-2785-6
Ⅰ. P941.73
中国国家版本馆 CIP 数据核字第 202416C55S 号

责任编辑　于界芬　张　健

出版发行　中国林业出版社
（100009，北京市西城区刘海胡同 7 号，电话 010-83143542）
电子邮箱　cfphzbs@163.com
网　　址　https://www.cfph.net
印　　刷　北京博海升彩色印刷有限公司
版　　次　2024 年 9 月第 1 版
印　　次　2024 年 9 月第 1 次印刷
开　　本　710mm×1000mm　1/16
印　　张　12
字　　数　220 千字
定　　价　138.00 元

《磴口模式科学、原理与技术》

著　　者： 张景波　黄雅茹　陈　川　马迎宾　李新乐
董　雪　赵英铭　段瑞兵　徐　军　陈海维
尚　敏　崔　健　郝需婷　辛智鸣　韩春霞
陈晓娜　马　媛　霍晓庆　姜丽娜　罗凤敏
刘湘杰　刘雅婧　罗红梅　崔桂鹏　马　帅
却晓娥　王浩伊　刘明虎　刘　芳　段　娜
边　凯　包岩峰　高　勇　吴彦杰　李清河
张丽华　李　炜　付永飞　杜凤梅　吕建平
李艳芳　刘丽彦　李宝山　牧　仁　王丹阳

科学顾问： 卢　琦　王志刚　郝玉光

前 言

在我国防沙治沙作战图上，内蒙古磴口的位置十分醒目，其位于我国干旱、半干旱区分界线上，居“三北”地区八大沙漠和四大沙地中部核心地带、黄河“几字弯”的“弯头”，是我国荒漠化防治的最前沿。被誉为“守沙要塞”的磴口，西面是“虎视眈眈”的乌兰布和沙漠，东面为“天下黄河，唯富一套”的河套平原，“要塞”失守则“粮仓”不保。

2023 年 6 月 6 日，习近平总书记在内蒙古巴彦淖尔主持召开加强荒漠化综合防治和推进“三北”等重点生态工程建设座谈会，充分肯定了创新探索治沙的磴口模式。2024 年 3 月 30 日，内蒙古自治区党委宣传部授予“磴口模式”治沙群体“北疆楷模”称号，将目光又一次汇聚于此。

乌兰布和，蒙古语意为“红色公牛”。近百年来，受自然和人为因素影响，“公牛”脱缰滚滚东侵，吞良田、毁房屋、造风沙，每年还将 7000 多万 t 泥沙注入黄河，威胁安澜。如今，沙漠面积高达 77% 的磴口，“公牛”止步，绿染大漠。从新中国成立初期只有 5 万多株小老头树到 210 万亩*沙漠披上绿装，从亩产粮食不到百斤到良田万顷、瓜果之乡，从“小风眼难睁、大风活埋人”到风来不起沙，磴口迎来改天换地的奇迹，打开崭新的叙事篇章。

---

1 亩 ≈ 666.67m^2。

75年来，经过磴口人民的不懈努力，乌兰布和沙漠东缘已向西撤退15~25km，真正实现了从“沙进人退”到“绿进沙退”的历史性转变。人与沙的较量，不仅是空间的交锋，更是精神的对垒。探寻磴口县山河巨变的密码，有一代又一代人接续奋斗的坚强决心和强大力量，亦有科学的思想指引和强大支撑。在磴口县，有农田的地方，四周必有防护林，高大乔木林围绕一片片方形农田而生，将165万亩耕地紧紧护住。

1959年，与乌兰布和沙漠持久鏖战的磴口县迎来了一支科技队伍——内蒙古磴口治沙综合试验站。这是当时全国设立的6个防沙治沙实验站之一，也是中国林业科学院沙漠林业实验中心（以下简称沙林中心）的前身。1979年，沙林中心正式成立。45年来，沙林中心三代科技工作者矢志不渝、滚石上山、久久为功，磴口治沙实践有了科技助力，一套统筹山水林田湖草沙一体化保护的防沙治沙体系逐步构建，探索出了一条行之有效的成功道路，形成了四道防线、五位一体、层层防护的科学布局，为世界荒漠化防治贡献出“系统防护，全域治理，科技赋能，产业支撑”的磴口模式。

四道防线、五位一体具体指：自然保护地，建立4个自然保护地，确保荒漠生态系统的原真性和完整性。光伏治沙区，在县域西部最外围、沙漠东缘，通过光伏+生态治理，形成第一道防线。封沙育草区，以封育保护为主，辅以人工播种耐旱沙生灌木，形成第二道防线。防风固沙区，选用梭梭、花棒等优良抗逆植物，营造防风固沙区，形成第三道防线。农田防护林网，围绕农田、路网营造主副林带垂直的新型“窄林带、小网格”防护林网，形成第四道防线。

作为科学治沙典范，磴口模式不是一蹴而就，而是在长期摸索中形成。从20世纪80年代初起，沙林中心做了大量对比实验，总结出窄林带、小网格、低耗水的农田防护林技术模式，并从磴口县推广至新疆、甘肃等地。沙林中心经过多次实验，提出了光伏+梭梭、光伏+柠条、光伏+四翅滨藜3种低耗水、易推广、可持续、有效益的种植模式，为沙漠光伏+生态治理提供了示范。磴口模式最大的特点就是科技支撑和地方生产实践紧密结合，相当于“前店后厂”。磴口是个巨大的试验场，实验成果全国共享。

磴口模式，一直在不断探索和前行。沙林人一直锲而不舍、久久为功，将防沙治沙技术模式在创新与实干中与时俱进，不断丰富着内涵与外延……

本书通过大量的文献资料和实验数据详细介绍了内蒙古磴口模式的背景、定义、核心内容，重点介绍了自然保护地、生态光伏治沙区、封沙育草区、防风固沙区、农田防护林区，并归纳总结了内蒙古磴口模式取得的成效。

本书得到了中央级公益性科研院所基本科研业务费专项资金（CAFYBB2023MC007、CAFYBB2024ZA008、CAFYBB2024ZA010）等项目的资助。

本书得以出版，是中国林业科学研究院沙漠林业实验中心、“三北”工程研究院等多位团队成员辛勤劳动的结果。他们长期坚持在乌兰布和沙漠科学研究第一线，在此对全体无私奉献的荒漠化防治科研人员致以诚挚的敬意。

限于著者水平，书中难免存在错误和不足之处，敬请读者批评指正。

著 者

2024年7月

目 录

上篇

磴口模式概述

第1章
磴口模式概念

1.1 定义及核心内容

“磴口模式”是通过保护和恢复原生植被、建设防护林等措施，构建以自然保护地、封沙育草区、防风固沙区、农田防护林区、光伏治沙区五部分组成的防护复合体，形成配置合理、结构完善、生态经济效益显著的绿洲防护林体系。主要特点是系统防护、全域治理、科技赋能、产业支撑。

（1）以自然保护地为基础，保护沙漠原生资源

沙漠既是重要的自然资源，也是独特的生态系统，能够产生重要的生态服务功能。磴口县统筹布局了哈腾套海国家级自然保护区、纳林湖国家湿地公园、奈伦湖国家湿地公园和沙金套海国家沙漠公园等自然保护地，总面积1276km^2，占全县国土面积的34.6%。动物种类由过去的40多种增加至81种，成为过境鸟类和野生动植物的“重要驿站”和“繁殖地”。通过守护自然生态、保育自然资源、保护生物多样性与地质地貌景观多样性，维护了自然生态系统健康稳定，稳住了治沙的基本盘。

（2）以农田防护林网为核心，构筑绿色生态屏障

在乌兰布和沙漠东缘围绕农田营造防护林，在树种选育上，优选出目前绿洲防护林最佳主栽树种新疆杨（*Populus alba* var. *pyramidalis*）、沙林杨（*P.* × *canadensis*‘Sacrau 79’）等高大乔木，以达到防护效益最大化；在林带设计上，创新以冬季相林带疏透度为依据，降低了大风季节农田水土流失和农作物幼苗沙害；在林网规划上，以防护效益、水电渠路配置统筹规划，形成了株行距1m×2m、主副林带垂直、在水渠两侧各栽2行杨树的农田防护林网。

（3）以封沙育草区为前沿，阻止流动沙丘前移

主要采取封育保护措施，禁止采樵和放牧，促进天然植被恢复。对于裸露沙丘，辅助飞播和人工播种耐旱沙生灌木或半灌木，实现了裸露沙丘上天然植被的近自然恢复和更新，有效地控制了流沙的活动和前移。

（4）以防风固沙区为关键，加强重点区域治理

选用梭梭（*Haloxylon ammodendron*）、花棒（*Hedysarum scoparium*）、柽柳（*Tamarix chinensis*）、柠条锦鸡儿（*Caragana korshinskii*）等优良抗逆植物，采取先固沙后造林、片带结合、多带配置等方法灵活构建防风固沙林，营造不同树种、不同规格的林带、片林。

（5）以生态光伏治沙区为示范，推进沙漠资源的高效利用

光伏生态治理以可持续发展、高效节水为导向，优先选择沙旱生植物与光伏阵列相融合，是一条低耗水、低维护、低成本、可持续的有效探索途径。通过抬高光伏阵列高度、拉大阵列间距的方式，给种植灌草留下充足空间，以光伏组件为植被遮阴，减少蒸发量，以植被生长抑制扬尘，减少对发电量的影响，形成了板上发电、板下种植的“光伏＋生态治理”范式。

1.2 形成背景

磴口县东南部有黄河穿过，区域内沿黄河地段，以新月形沙丘链为主的流动沙丘一望无际，植被覆盖度不足10%。20世纪五六十年代，磴口县受乌兰布和沙漠风沙危害严重。往往一场大风过后，风沙侵袭后的整个县城，需要组织大量的人力和车辆清理沙子。掩埋道路、农田、房屋的事件时有发生，给人民生产生活造成损失。

黄河“几字弯”攻坚战是“三北”防护林体系工程（以下简称“三北”工程）的“中部战区”，主攻黄河岸线防沙治沙，乌兰布和沙漠即是主战场之一。磴口县地处乌兰布和沙漠东北部，贯穿乌兰布和沙漠东南边缘的黄河流经县境52km，是黄河与该沙漠唯一“握手”的地方。县域内沙漠面积386.28万亩，占县域总面积的70.01%，位于贺兰山与阴山间的西北季风通道上，是西沙东移的主通道和华北、京津等下风口地区沙尘暴的尘源地之一，也是国家生态安全战略格局中“北方防沙带”及乌梁素海流域生态系统的重要组成部分，保护和治理好乌兰布和沙漠，对保障黄河、华北地区的生态安全具有重要作用。

中国林业科学研究院沙漠林业实验中心（以下简称沙林中心）从1979年成立之后，一直驻扎在磴口县。沙林中心的主要任务是研究解决干旱半干旱地区林草建设关键科学技术问题；开展干旱区种质资源收集、保存与利用、防风固沙造林技术应用推广与科学的管护模式探索，以及荒漠生态系统长期监测等科研工作；为“三北”工程建设和我国北方生态屏障建设提供科技支撑。1978年，磴口县被列为“三北”工程建设县，依托“三北”工程、天然林保护工程、退耕还林等一批重点生态工程，在沙林中心强有力的科技支撑的基础上，于乌兰布和沙漠—绿洲区，大力营造防沙固沙林和农田防护林。

党的十八大以来，沙林中心深入贯彻落实习近平生态文明思想，牢固树立绿水青山就是金山银山的发展理念，持续开展干旱区种质资源收集、保存与利用、荒漠生态系统长期监测、防风固沙造林技术应用推广等科研工作，为“三北”工程建设和北方国家生态屏障建设提供科技支撑。

磴口县山水林田湖草沙生态要素齐全，坚持生态优先、绿色发展的理念，通过沙林中心的科技示范引领与地方政府的成果转化和推广相结合，国家重大生态工程与企业等社会力量投入相结合，形成了以资源保护为核心、防护体系为框架、产业发展为龙头的山水林田湖草沙一体化系统治理与开发利用体系，探索出一套行之有效的防沙治沙磴口模式，有力地推进了乌兰布和沙漠综合治理高质量发展。

沙林中心根据多年防沙治沙实践和成效研究分析，总结归纳出了“磴口模式”。“磴口模式”是一种凝聚科技力量防沙治沙的技术模式，主要特点是“重在保护、系统治理、节水优先”，通过收集干旱区的种质资源，培育新的抗旱耐盐品种，营造防护林网、防护林带，构建以自然保护地、农田防护林网、封沙育草区、防风固沙区、光伏治沙区为主的五位一体综合治理体系。

1.3 重要意义

习近平总书记十分重视“三北”等重点生态工程建设，黄河“几字弯”攻坚战是“三北”工程的“中部战区”，主攻黄河岸线防沙治沙，乌兰布和沙漠即是主战场之一。巴彦淖尔市位于黄河“几字弯”，地理位置特殊。而磴口的位置十分醒目，位于我国干旱、半干旱区分界线上，居“三北”地区（中国东北西部、华北北部和西北大部分地区）八大沙漠和四大沙地中部核心地带、黄河“几字弯”的“弯头”，是中国荒漠化防治的最前沿。被誉为“守沙要塞”的磴口，西面是“虎视眈眈”的乌兰布和沙漠，东面为“天下黄河，唯富一套”的河套平原，“要塞”失守则“粮仓”不保。

2023年6月6日，习近平总书记在内蒙古巴彦淖尔主持召开加强荒漠化综合防治和推进“三北”等重点生态工程建设座谈会，充分肯定了创新探索治沙的磴口模式。

2024年3月30日，内蒙古自治区党委宣传部授予“磴口模式”治沙群体“北疆楷模”称号。

2018年3月5日，习近平总书记参加了十三届全国人大一次会议内蒙古代表团审议。会议指出：要加强生态环境保护建设，统筹山水林田湖草治理，精心组织实施京津风沙源治理、“三北”防护林建设、天然林保护、退耕还林、退牧还草、水土保持等重点工程，实施好草畜平衡、禁牧休牧等制度，加快呼伦湖、乌梁素海、岱海等水生态综合治理，加强荒漠化治理和湿地保护，加强大气、水、土壤污染防治，在祖国北疆构筑起万里绿色长城。

中共中央总书记、国家主席、中央军委主席习近平在内蒙古巴彦淖尔考察，主持召开加强荒漠化综合防治和推进“三北”等重点生态工程建设座谈会并发表重要讲话。

一直以来，党中央高度重视荒漠化防治工作，把防沙治沙作为荒漠化防治的主要任务，相继实施了“三北”工程建设、退耕还林还草、京津风沙源治理等一批重点生态工程。经过40多年不懈努力，我国防沙治沙工作取得举世瞩目的巨大成就，重点治理区实现从“沙进人退”到“绿进沙退”的历史性转变，保护生态与改善民生步入良性循环，荒漠化区域经济社会发展和生态面貌发生了翻天覆地的变化。荒漠化和土地沙化实现“双缩减”，风沙危害和水土流失得到有效抑制，防沙治沙法律法规体系日益健全，绿色惠民成效显著，铸就了“三北精神”，树立了生态治理的国际典范。实践证明，党中央关于防沙治沙特别是“三北”等工程建设的决策是非常正确、极富远见的，我国走出了一条符合自然规律、符合国情地情的中国特色防沙治沙道路。

荒漠化是影响人类生存和发展的全球性重大生态问题。我国是世界上荒漠化最严重的国家之一，荒漠化土地主要分布在“三北”地区，而且荒漠化地区与经济欠发达区、少数民族聚居区等高度耦合。荒漠化、风沙危害和水土流失导致的生态灾害，制约着“三北”地区经济社会发展，对中华民族的生存、发展构成挑战。当前，我国荒漠化、沙化土地治理呈现出“整体好转、改善加速”的良好态势，但沙化土地面积大、分布广、程度重、治理难的基本面尚未根本改变。这两年，受气候变化异常影响，我国北方沙尘天气次数有所增加。现实表明，我国荒漠化防治和防沙治沙工作形势依然严峻。我们要充分认识防沙治沙工作的长期性、艰巨性、反复性和不确定性，进一步提高站位，增强使命感和紧迫感。

2021—2030 年是“三北”工程六期工程建设期，是巩固拓展防沙治沙成果的关键期，是推动“三北”工程高质量发展的攻坚期。要完整、准确、全面贯彻新发展理念，坚持山水林田湖草沙一体化保护和系统治理，以防沙治沙为主攻方向，以筑牢北方生态安全屏障为根本目标，因地制宜、因害设防、分类施策，加强统筹协调，突出重点治理，调动各方面积极性，力争用 10 年左右时间，打一场“三北”工程攻坚战，把“三北”工程建设成为功能完备、牢不可破的北疆绿色长城、生态安全屏障。要全力打好黄河“几字弯”攻坚战，以毛乌素沙地、库布其沙漠、贺兰山等为重点，全面实施区域性系统治理项目，加快沙化土地治理，保护修复河套平原河湖湿地和天然草原，增强防沙治沙和水源涵养能力。要全力打好科尔沁、浑善达克两大沙地歼灭战，科学部署重大生态保护修复工程项目，集中力量打歼灭战。要全力打好河西走廊－塔克拉玛干沙漠边缘阻击战，全面抓好祁连山、天山、阿尔泰山、贺兰山、六盘山等区域天然林草植被的封育封禁保护，加强退化林和退化草原修复，确保沙源不扩散。

实施“三北”工程是国家重大战略，要全面加强组织领导，坚持中央统筹、省负总责、市县抓落实的工作机制，完善政策机制，强化协调配合，统筹指导、协调推进相关重点工作。要健全“三北”工程资金支持和政策支撑体系，建立稳定持续的投入机制。各级党委和政府要保持战略定力，一张蓝图绘到底，一茬接着一茬干，锲而不舍推进“三北”等重点工程建设，筑牢我国北方生态安全屏障。

多年的治沙实践有了科技助力，一套统筹山水林田湖草沙一体化保护，五域系统施治的防沙治沙体系逐步构建。磴口模式实现了山水林田湖草沙的完美融合，成为河套平原系统治理的典型案例。

五域系统施治是磴口模式的核心。自然保护地：即磴口县建立的 4 个自然保护地，确保荒漠生态系统的原真性和完整性。农田防护林网：在绿洲内部，围绕农田、路网营造主副林带垂直的新型防护林网，遏制水土流失和沙漠对农田侵害。封沙育草区、防风固沙区和光伏治沙区：在县域西部最外围、沙漠东缘，建设光伏治沙区，通过光伏 + 生态治理，形成阻挡乌兰布和沙漠的第一道防线；

紧挨着光伏治沙区的是封沙育草区，以封育保护为主，辅以人工播种耐旱沙生灌木，形成阻挡沙漠的第二道防线；再向县域内，选用梭梭、花棒等优良抗逆植物，营造防风固沙区，形成第三道防线。五位一体，4 道防线，从外至内、由表及里对县域和农田进行层层防护、系统治理。

磴口县在乌兰布和沙漠生态治理中坚持山水林田湖草沙全要素一体化系统治理。山：在沿阴山一线，依托哈腾套海国家级自然保护区，开展阴山及周边自然资源保护。水：沿黄河一线，建设 52km 乔灌草、农防林相结合的防沙护岸林，有效阻止了沿岸流沙移动、缓解地表风蚀。林：先后实施了天然林保护、退耕还林等林业生态工程。田：坚持渠沟路林田村庄同步配套，构建农田防护林生态屏障。湖：湖泊湿地依托纳林湖、奈伦湖国家级湿地公园开展修复与保护，通过堤岸护坡修复、湖底清淤、植被恢复、强化监管等措施，水源涵养能力不断增强。草：采取人工播种和围封等措施，草原质量不断提升。沙：沙区治理坚持宜乔则乔、宜灌则灌、宜草则草、宜封则封，大力营造防沙固沙林网林带。

2023 年 6 月，习近平总书记考察内蒙古巴彦淖尔时对防沙治沙“磴口模式”的充分肯定，使磴口县坚定信心，是赋予磴口县打好黄河“几字弯”攻坚战、筑牢我国北方重要生态安全屏障更大的政治责任和使命任务。

第 2 章 磴口县概况

2.1 自然概况

2.1.1 地理位置

磴口县位于内蒙古自治区巴彦淖尔市西南部，东与杭锦后旗接壤，北与乌拉特后旗相连，西与阿拉善盟毗邻，南隔黄河与鄂尔多斯市杭锦旗相望。县境内东西长 92km，南北宽 65km，地理坐标为 106°9′~107°10′E、40°9′~40°57′N，辖区总面积 4166.6km^2，黄河流经长度 52km。

2.1.2 地质地貌

磴口县地质地貌复杂，地质上由于南北向区域压应力的增强，形成了东南方向上的密梳状褶皱及断层群，并在新生代时期活动频繁，伴有岩浆入侵及变质作用等。该区位于贺兰山经向构造带和阴山纬向构造带的交接处，并在其共同作用下形成了狼山弧形漩涡，而此漩涡的下沉作用与河套盆地的形成具有密切的关系。第四纪初期，河套盆地的地质活动异常活跃，湖盆不断沉降，湖积物不断积累，最大深度可达 1200~1500m。而复杂的地质变化与积累的湖积物和冲积物为该区后来沙漠的形成提供了丰富的物质基础。第四纪以来，河套地区地势下降，汇聚了径流，形成了大面积的湖泊，各种动植物丰富，生态环境达到较好的状态。但到了晚更新世至全新世时期，气候变化、干旱加剧及黄河横穿而过，使湖水出现了一定面积的缩小，这也是后来乌兰布和著名景观黄河古道牛轭湖及一些残留湖泊形成的主要原因。地貌主要为山地地貌、沙漠地貌、平原地貌和河流地貌 4 种类型。

古湖盆与黄河早期冲积形成的乌兰布和地区的辽阔平原，为此后的人工绿洲建设创造了有利条件。目前，平原上广泛分布固定沙丘、半固定沙丘、丘间低地与流动沙丘相间分布，且以固定、半固定沙丘为主，其面积占 50%，沙丘间平地占 23%，流动沙丘占 20%，洪积扇占 5%，海子、风蚀坑占 2%。固定、半固定沙丘多为高 1~3m 的沙垄和 1m 左右的白刺（*Nitraria tangutorum*）沙堆，丘间多分布有黏土质平地，是乌兰布和沙漠中最优越的区域，现许多地方已开发成为沙漠中的绿洲。

2.1.3 气候

乌兰布和沙漠东北缘属于温带荒漠大陆性气候，冬、春季受西伯利亚－蒙古冷高压控制，夏秋季为东南季风所影响。该地区降水较少，且降水分配极不均匀，多年平均降水量为 144.5mm，主要集中在 6~9 月，降水量占全年总降水量的 78%；年际降水量差异较大，最多年降水量为 288.4mm，最少年降水量为 59.4mm。年平均蒸发量为 2397.6mm，约为年平均降水量的 16.6 倍，年平均湿润系数为 0.094。

磴口县水热同期，故降水、积温的有效性高；冬季寒冷漫长且较为干燥，夏季炎热降水稍多，春秋两季时期短。年平均气温 7.6℃；最热月为 7 月，历年平均气温为 23.8℃；最冷月为 1 月，历年平均气温为 -10.8℃。历年平均年日照总时数达 3209.5h，光能资源较为丰富，其中在农作物生长发育的 4~9 月总日照时数达 1758.2h。全年太阳总辐射为 153.69kW/cm^2，全年有效光合辐射为 75.29kW/cm^2，其中 4~9 月有效光辐射达 47.71kW/cm^2。

磴口县冬春季节季风时间较长，风力强劲且带来的灾害较大。全年平均风速 3~3.7m/s，4 月大风日数最多，其中最大瞬时风速可达 24m/s。大风主要是春季蒙古高原冷空气向亚洲大陆西北收缩造成的，当冷风过境时常出现西北或东北大风。该地区风沙活动剧烈，1970—2003 年年平均沙尘暴天数为 10.9 天，大风天数为 12.5 天，扬沙天数为 30.2 天，其中起沙风速每年达到 200~250 天以上（董智，2004）。冬季各月多西南风，开春及盛夏则以东北风为主。3~5 月为大风扬沙期，也正值耕地裸露，农作物播种幼苗出土期，大风导致土壤肥力受损，种子裸露，农作物、林木幼苗死亡等，故大风、干旱严重影响着当地春季造林的成活率。

2.1.4 土壤

磴口县土壤类型丰富，共有6个土类10个亚类31个土属258个土种。土壤主要分为五类，主要有灌淤土、草甸土、风沙土、灰漠土、棕钙土。灌淤土主要分布在平原地区，其中盐化灌淤土面积为128.7km^2，面积大于草甸灌淤土；草甸土主要分布在河漫滩和沙区的低湿洼地；风沙土主要分布在牧区和农区的西部边缘地带。该地区有部分沙区，故风沙土的比例较大，其中流动沙丘有972km^2，占风沙土的62.3%；半固定沙丘有512km^2，占风沙土的32.8%；固定沙丘有73.3km^2，占风沙土的4.7%。

2.1.5 水文

磴口县深居内陆，气候干燥，蒸发强盛，降水量又很少，地表多沙质，无法形成地表径流，但由于紧邻黄河，黄河作为沙区最大的地表水，自南向北从沙区东部流过，境内全长52km，多年平均径流量315亿m^3，地表水资源较为丰富，具有较好的引黄灌溉条件，为该地区农业用水及绿化建设提供了较好的灌溉条件。三盛公水利枢纽工程的建设为该地区形成完整的灌溉体系奠定了基础，该段黄河年平均流量为889m^3/s，年径流总量为280×10^8m^3，但径流量年内变化大，随季节差异性显著，最大最小径流量可达十几倍的差异。黄河水的化学成分主要有Ca^{2+}、Mg^{2+}、K^+、Na^+等阳离子和HCO_3^-、Cl^-、CO_3^{2-}、SO_4^{2-}等阴离子，年平均离子总量为420mg/L。地表灌溉同样为地下水的补给提供了丰富的来源，同时天然降水、黄河水侧渗、山地基岩裂隙水及山洪等都是地下水的来源。

2.1.6 植被

磴口县大部分地区属于草原化荒漠亚带，境内生态环境多样，植被类型较为丰富，植物群体基本上由东向西逐渐变稀。目前，包括绿洲内人工植被，已收集到的种子植物共计342种，分属53科176属（刘芳，2000）。其中仅含1属的科有23个，占总科数的43.4%。含属、种较多的前10个科为菊科（Asteraceae）、禾本科（Poaceae）、豆科（Fabaceae）、藜科（Chenopodiaceae）、蒺藜科（Zygophyllaceae）、十字花科（Brassicaceae）、莎草科（Cyperaceae）、蓼科（Polygonaceae）、唇形科（Lamiaceae）和玄参科（Scrophulariaceae）。仅含1种植物的属共103属，占总属数58.52%；单种属有驼绒藜属（*Krascheninnikovia*）、梭梭属（*Haloxylon*）、假木贼属（*Anabasis*）、合头草属（*Sympegma*）、沙冬青属

（*Ammopiptanthus*）等；含种数最多的属为杨属（*Populus*）14 种，其次为柽柳属（*Tamarix*）9 种。

受温带荒漠大陆性气候控制，磴口县内的自然植被以荒漠植被种类较多，县域内植物群落中的建群种均为旱生植物，优势种多半为强旱生植物。常见植物群落类型有油蒿（*Artemisia ordosica*）沙质荒漠、籽蒿（*Artemisia sphaerocephala*）沙质荒漠、白刺沙质荒漠。这些群落一般可达到郁闭和半郁闭的结构，形成固定、半固定沙地。其次还分布有沙冬青（*Ammopiptanthus mongolicus*）沙质荒漠、梭梭沙质荒漠、霸王（*Zygophyllum xanthoxylon*）沙砾质荒漠、柠条锦鸡儿沙质荒漠等。磴口县内的人工植被则主要由两部分组成。一部分为绿洲内部防护林网、小面积片林和农作物，这是绿洲的主体部分，构成防护林网的主要人工植物种有小叶杨（*Populus simonii*）、箭杆杨（*P. nigra* var. *thevestina*）、钻天杨（*P. nigra* var. *italica*）、加拿大杨（*P. canadensis*）、新疆杨、二白杨（*P. gansuensis*）、旱柳（*Salix matsudana*）、北沙柳（*S. psammophila*）、榆（*Ulmus pumila*）、沙枣（*Elaeagnus angustifolia*）、梭梭、柠条锦鸡儿、花棒等。另一部分为绿洲开发时在绿洲外围营造的许多固沙林、防护林带、防护林网等，主要由花棒、沙木蓼（*Atraphaxis bracteata*）、柽柳（*Tamarix chinensis*）、沙拐枣（*Calligonum mongolicum*）、梭梭、乌柳（*Salix cheilophila*）等大灌木构成。

2.2 社会经济概况

磴口县辖有巴彦高勒镇、隆盛合镇、渡口镇、补隆淖镇 4 个镇和沙金套海苏木。有沙林中心、巴彦淖尔市农垦管理局 5 个农场、巴彦淖尔市林业治沙工作站等单位。2016 年年末，磴口县总人口 11.59 万（户籍人口），由汉、蒙、回、满等 12 个民族组成。2016 年磴口县生产总值 52.78 亿元，比 2015 年增长 7.6%，人均生产总值 45422 元。全年农业总产值 140389.8 万元，畜牧业产值 47686.92 万元，全年完成人工造林面积 3.6 万亩，飞播造林 3 万亩，封山育林面积 121.78 万亩，经济增长势头良好，保持农林牧业高效、全面发展。

磴口县交通条件便利，京新高速贯通，坐拥 G6、G7 两大通道交汇，成为“承东启西、连南接北”战略枢纽。沙区紧邻京兰铁路、临策铁路、京藏高速公路、110 国道等。磴口县境内有穿沙公路等多条公路，交通比较便利。通信设施较完善，京包光纤电缆跨境而过，各镇（苏木）、农（林）场微波通信设施齐全，无线通信普及。电力供应充足，电路与华北电网沟通，自然村全部通电。

2.3 沙林中心简介

沙林中心是根据《1978—1985年全国科技发展纲要》于1979年经国家农委、科委批准成立的11处农林牧业现代化综合科学实验基地之一。20世纪50年代末，曾是全国最早成立的6个治沙综合试验站之一，目前是全国典型地区荒漠化监测点。

沙林中心地处乌兰布和沙漠东北部，行政区划在内蒙古磴口县境内，总面积3.13万hm^2，是中国林业科学研究院设在西北干旱半干旱地区唯一的现代化综合科学实验基地。其主要工作任务是研究解决干旱区林业建设中有关的科学技术问题；运用先进的技术装备，应用和推广国内外先进技术；采用科学的生产、管理方法，开展沙荒土地的综合治理与开发，大幅度提高劳动生产力和水土资源利用率，为干旱区林业生态建设工程提供科学依据。

中心拥有内蒙古磴口荒漠生态系统定位研究站，该站已加入陆地生态系统定位研究网络（CTERN）。磴口站定位观测研究主要包括沙地生物多样性与生态系统功能关系研究、人工绿洲可持续发展研究、乌兰布和沙漠东北部荒漠及人工绿洲生态环境监测、磴口县国家重点生态工程区的环境监测和效益评价、乌兰布和沙漠东北部土地荒漠化动态监测。这些监测为我国荒漠化动态、干旱区生态环境效益评价等相关科学研究积累了丰富数据与资料。

中心还拥有乌兰布和沙漠综合治理国家长期科研基地、植物新品种测试中心西北分中心、天然生态实验室——山水林田湖草沙的生物地理单元等，设置了大样地并开展连续监测，为荒漠林业生态建设提供科技支撑与技术服务。还建有土壤理化分析室、植物生理实验室、标本室、现代化育苗温室、气象观测站、风沙流定位观测场、地下水动态监测井、风洞等设施，为长期开展荒漠生态系统研究提供了良好的实验条件。

中心成立40年来，一直从事以林业为主体的生态治理与开发实验研究，逐步建成了全国最大的集科研、示范、推广为一体，树种丰富、结构多样、功能较为完备的人工绿洲科学试验基地。基地的创建不仅为我国荒漠化防治科学研究提供了实验场所，同时为荒漠化防治树立了示范样板。自“六五”以来，中心参加完成各类科研课题120余项，开展了绿洲气象、土壤、水文和风沙流运动、防沙治沙等专项课题的研究，这些研究成果所涵盖的生态、社会和经济效益已得到国内外学术界的认可。

沙林中心第一实验场，位于磴口县城西 10km 的沙漠边缘，前身为北京生产建设兵团一团六连、七连，于 20 世纪 60 年代开发建设而成。沙林中心接管后，开展了大规模的林业生态建设，乔、灌、草相结合，带、片、网相配合，建成了生态功能完善的人工绿洲。绿洲内农田防护林配套完善，绿洲边缘建立了固沙阻沙带，外围有大面积的灌木固沙林和封沙育草带。绿洲内开展绿洲农业种植及多种经营，种植业以经济作物为主，农业种植面积约 380hm^2。乔木防护林 304.1hm^2，结构多样，防风固沙灌木林 887.5hm^2。绿洲防护林体系良好的生态功能不仅有力地改善了绿洲生态环境，也对磴口县城的生态环境产生了有益的影响。

沙林中心第二实验场位，位于磴口县城西北 35km，1979 年由沙林中心组建，人工绿洲开发的原始地貌为固定沙丘、半固定沙丘，沙丘高 1~3m，是沙林中心在荒漠中实施以农田防护林体系为主体的绿色开发建设工程，目前开发区经营面积 1487.3hm^2。防护林网建设以宽林带为主，主要造林树种以二白杨为主，主副林带均为 8 行一带式组成，主副带宽均 32m，主带间距 98m，副带间距 398m，农田 3.9hm^2。防护林大部分为 20 世纪 80 年代初栽植，兼有不同结构多树种窄带式防护林，乔木防护林面积达 279.7hm^2。

沙林中心第三实验场，位于距磴口县城西北 42km，原始地貌为固定、半固定沙丘，1995 年开始开发建设，受到国家农业综合开发项目资助，人工绿洲面积约 670hm^2，农田防护林采用两行窄带渠道式林带，株行距为 1m×2m，树种为对光肩星天牛具有较强抗性的新疆杨，在乔木下栽植沙柳等小灌木，主林带间距 140m，副林带间距 300m。

沙林中心第四实验场，位于距磴口县城西北 40km，原始地貌同样为固定、半固定沙丘，1997 年开始建场，目前已形成以林为主体，农、林、牧相结合的生态经济型人工绿洲，面积约 280hm^2，绿洲呈半岛状嵌入沙漠腹地。农田防护林网以人工栽植的新疆杨为主，林带主带间距 180m，副带间距 300m，株行距 1m×2m；还有以小乔木沙枣、旱柳、白榆及灌木沙柳等树种形成的带间距为 60m×180m 的小网格，株行距不等，采用两行渠道式配置，并栽植了梭梭、沙木蓼、柠条、沙冬青、花棒等固沙灌木片林。

沙林中心经过 40 年建设，人工绿洲基础设施比较完善，林、田、渠、水、电、路相互配套；防护林结构多样、树种丰富、功能较为完备，时间序列完整。不同时期人工绿洲防护林体系结构的多样性，必然表现为生态功能和效益的多样性。同时，沙林中心具有长期的野外观测基础，积累了大量的资料，为磴口模式的总结奠定了良好的基础。

1979年沙林中心成立之后，一直驻地在磴口县，主要任务是研究解决干旱半干旱地区林草建设关键科学技术问题，开展干旱区种质资源收集和保存与利用、防风固沙造林技术应用推广以及荒漠生态系统长期监测等科研工作，为“三北”工程建设和北方国家生态屏障建设提供科技支撑。

沙林中心先后荣获国家、省（部）级等科技奖励成果16项，主编、参编学术著作21部，在国内外学术期刊发表科技论文600余篇，制定并颁布技术规程（标准）6项，授权专利18件。

沙林中心成立之初，以生产管理为主，经过40多年发展，现已拥有一支以科研、生产、管理并重的高层次、高学历、高水平的人才队伍。沙林中心编制400人，现有在职职工160人，其中专业技术人员90人。具有高级技术职称21人、博士及在读博士11人、硕士及在读硕士35人。沙林中心副主任张景波牵头申报的“荒漠化防治科普嘉年华”系列活动荣获第十二届梁希科普奖（活动类）。“荒漠化防治科普嘉年华”系列活动是沙林中心联合北京市企业家环保基金会，面向社会公众开展的主题科普活动，通过摄影、绘画、标本以及背后故事的展示，有效凝聚了社会共识，激发了公众参与防治荒漠化的热情，营造了全民防治荒漠化的良好氛围，进一步提高了全体公民自觉参与荒漠化防治、保护生态环境的意识。沙林中心成立40多年来，在乌兰布和沙漠东北部建成集科研、示范、推广为一体，树种丰富、结构多样、功能完备的荒漠化防治科研实验示范基地，为同类地区沙漠治理和生态环境建设提供了可靠的技术支撑和示范，同时为荒漠化防治树立了示范样板。未来沙林中心将进一步加强荒漠化防治科普能力建设，为推动新时代林草科普高质量发展贡献力量。

2022年，内蒙古自治区科学技术奖评选结果揭晓，由沙林中心牵头，与中国林业科学研究院林业研究所、内蒙古农业大学等单位共同完成的项目“沙棘良种选育及产业化技术创新”荣获内蒙古自治区科学技术进步奖二等奖。整个研究历时20余年，在沙棘重要性状形成的分子机制、良种选育、良种适应性、良种繁育、产业化栽培与利用技术等方面开展了系统研究，重点突破了沙棘基因组进化机制，解析了沙棘重要经济性状与抗性性状形成的分子机制；揭示了蒙古沙棘‘大果’沙棘品种在我国的适应性地理变异规律及其适应性机理，提出了“三北”地区‘大果’沙棘栽培区区划及丰产栽培模式、生态经济型沙棘优良杂种选育技术及其标准和 2 种沙棘杂种种子园种质创制新技术；构建了沙棘良种繁育、优化栽培和开发利用一体化的规模化产业技术体系。项目认定科技成果 8 项，审定沙棘国家级良种 16 个，授权新品种权 5 个，获国家专利 12 件，其中发明专利 4 件，颁布技术标准 3 项，出版专著 4 部，发表国内外学术期刊论文 91 篇。建立沙棘良种繁育基地 3100 亩，繁育沙棘良种壮苗 2 亿株以上，推广种植面积达 350 万亩以上，实现总产值 35.46 亿元，取得了显著的社会、经济和生态效益。

中篇

磴口模式科学内涵

第3章 自然保护地

3.1 概述

自然保护地是指为了保护自然环境、维护生态平衡、保护濒危物种以及保护自然生态系统而设立的特定区域。这些区域通常被法律法规严格保护，以限制人类活动，保持其原始状态或实施适当的恢复和管理，以确保对生物多样性的保护和生态系统的健康。

2017 年 9 月，中共中央办公厅、国务院办公厅印发《建立国家公园体制总体方案》。2019 年 6 月，中共中央办公厅、国务院办公厅印发《关于建立以国家公园为主体的自然保护地体系的指导意见》，提出建立分类科学、布局合理、保护有力、管理有效的以国家公园为主体、自然保护区为基础、各类自然公园为补充的中国特色自然保护地体系。一系列国家顶层设计的出台，明确了自然保护地体系建设在中国生态文明体制改革中的重要地位，也标志着中国的自然保护地体系建设迈入全面深化改革的新阶段。

建立以国家公园为主体的自然保护地体系，是贯彻习近平生态文明思想的重大举措，是党的十九大提出的重大改革任务。自然保护地是生态建设的核心载体、中华民族的宝贵财富、美丽中国的重要象征，在维护国家生态安全中居于首要地位。我国经过 60 多年的努力，已建立数量众多、类型丰富、功能多样的各级各类自然保护地，在保护生物多样性、保存自然遗产、改善生态环境质量和维护国家生态安全方面发挥了重要作用。

按照自然生态系统原真性、整体性、系统性及其内在规律，将我国的自然保护地，按生态价值和保护强度高低排序，依次分为国家公园、自然保护区、自然公园三大类型。其功能定位：国家公园是以保护具有国家代表性的自然生态系统为主要目的区域；自然保护区是保护典型的自然生态系统、珍稀濒危野生动植物种的天然集中分布区、有特殊意义的自然遗迹的区域；自然公园是保护重要的自然生态系统、自然遗迹和自然景观，具有生态、观赏、文化和科学价值，可持续利用的区域。

《关于建立以国家公园为主体的自然保护地体系的指导意见》指出，建立自然保护地的主要目的是守护自然生态，保育自然资源，保护生物多样性与地质地貌景观多样性，维护自然生态系统健康稳定，提高生态系统服务功能；同时具有服务社会，为人民提供优质生态产品，为全社会提供科研、教育、体验、游憩等公共服务功能，维持人与自然和谐共生并永续发展。

位于内蒙古巴彦淖尔市西南部、乌兰布和沙漠东北缘的磴口县，境内沙漠面积 426.9 万亩，占县域总面积的 77%，是我国荒漠化最为严重的地区之一，通过建立自然保护地对于荒漠化防治具有重要作用。磴口县拥有丰富的自然资源和独特的生态环境。通过结合本地实际，积极探索并形成了一套行之有效的自然保护地管理模式，即“磴口模式”。“磴口模式”通过系统治理和全域治理，作为一种具有地方特色的自然保护地管理模式，得到了社会各界的广泛关注。为保护沙漠原生资源，通过守护自然生态、保育自然资源，维护自然生态系统健康稳定。这些区域不仅对于保护生态环境具有重要意义，也是科学研究、教育普及和生态旅游的重要基地。

磴口县积极推进以国家公园为主体的自然保护地体系建设，以国家公园创建为契机推动自然保护地提档升级。建成了哈腾套海国家级自然保护区、纳林湖国家湿地公园、奈伦湖国家湿地公园和沙金套海国家沙漠公园等自然保护地，有效确保荒漠生态系统的原真性和完整性。

3.2 内蒙古哈腾套海国家级自然保护区

内蒙古哈腾套海国家级自然保护区，位于内蒙古自治区巴彦淖尔市磴口县、乌兰布和沙漠的东北缘，属于典型荒漠向草原化荒漠的过渡带，也是进京沙尘暴的途经地之一，规划总面积 123600hm^2，其主要保护对象是荒漠植被生态系统和珍稀濒危野生动植物及其生存环境，属于荒漠生态类型自然保护区（张建波，2022）。该保护区的地形地貌复杂，包括山地、沙漠、平原湿地 3 种地貌类型。

北部及偏北地区是高耸巍峨的狼山山脉，西部则是广袤的乌兰布和沙漠。保护区共有种子植物 302 种，陆生野生脊椎动物 95 种，兽类 26 种，鸟类 62 种（吉木斯，2010）。其中国家二级保护野生植物 4 种，包括沙冬青（*Ammopiptanthus mongolicus*）、绵刺（*Potaninia mongolica*）、肉苁蓉（*Cistanche deserticola*）、蒙古扁桃（*Prunus mongolica*）。

哈腾套海国家级自然保护区植被类型多样，植物区系起源古老，且均为旱生或强旱生植物。与同纬度干旱、半干旱地区的自然保护区比较，动植物种类相对丰富，区系构成比较复杂，是研究荒漠化生态系统发生、发展及演替规律的重要研究基地和活教材，是荒漠化地区重要的物种基因库，对开展相关学科研究具有很高的科研和学术价值。

保护区以国家重点保护的北山羊（*Capra sibirica*）、金雕（*Aquila chrysaetos*）、盘羊（*Ovis ammon*）、岩羊（*Pseudois nayaur*）等野生动物和绵刺灌丛、沙冬青灌丛、蒙古扁桃灌丛为代表的珍稀、濒危动植物资源和荒漠植被生态系统为主要保护对象。其中沙冬青面积是我国最大的天然分布群落，在荒漠区域中具有稀有性和珍贵性，是自然历史遗留在特定环境中的珍贵遗产。

3.3 纳林湖国家湿地公园

纳林湖国家湿地公园，地处乌兰布和沙漠东北部，位于内蒙古巴彦淖尔市磴口县西北部纳林套海农场境内，是内蒙古西部干旱地区的一颗“大漠明珠”。公园总面积达 1927.75hm^2，其中湿地总面积 933.65hm^2，湿地率为 48.43%。纳林湖是一个由黄河故道加风蚀作用而形成的自然湖泊，水域面积广阔，最深处可达 6m，平均水深约 2.5m，是乌兰布和沙漠中较大的淡水湖之一。纳林湖生态区位重要，具有得天独厚的自然条件，水草繁盛，生物种类丰富。共分布有维管植物 47 科 137 属 231 种，其中被子植物 45 科 135 属 227 种、裸子植物 1 科 1 属 2 种、蕨类植物 1 科 1 属 2 种。脊椎动物 151 种，其中哺乳类 16 种、鸟类 43 种、爬行类 9 种、两栖类 1 种、鱼类 24 种（刘拥军等，2016）。国家二级保护野生鸟类有蓑羽鹤（*Grus virgo*）、灰鹤（*Grus grus*）、大天鹅（*Cygnus cygnus*）、鸢（*Milvus migrans*）、红隼（*Falco tinnunculus*）、纵纹腹小鸮（*Athene noctua*）等 8 种；列入《中日候鸟保护协定》的鸟类有 12 种；列入《中澳候鸟保护协定》的有 6 种。湿地公园为干热的大陆性气候，有典型的中亚荒漠型鸟类，如毛腿沙鸡

（*Syrrhaptes paradoxus*）、三道眉草鹀（*Emberiza cioides*）等。

3.4 奈伦湖国家湿地公园

奈伦湖国家湿地公园，地处河套平原与乌兰布和沙漠结合部，紧邻黄河，距离拦河闸 19.4km，属黄河改道形成的河迹湖，是一个集自然风光、生态保护、科学研究及生态旅游等多功能于一体的综合性湿地公园，总面积达 1816hm^2，包括库区和泄洪渠两片区域，主要保护对象是湿地生态系统、珍稀野生候鸟及其栖息地。奈伦湖南北长约 10km，东西宽约 5km，湿地面积 30km^2，水域面积 21km^2，蓄水量 0.6 亿 m^3，最大蓄水量 2 亿 m^3。新建防洪围堤将奈伦湖分割为西湖区和东湖区，水域面积主要在西湖区，面积 20km^2。奈伦湖处于巴彦淖尔黄河流域及乌梁素海湿地生态系统的“源头关口”，是黄河生态安全的“自然之肾”，是黄河中下游水生态安全的“重要节点”，是候鸟迁徙的“重要驿站”和“繁殖地”，是乌兰布和沙漠生态建设的重要组成部分，对于黄河防洪减灾，阻挡流沙东侵，保护京兰铁路干线、黄河及其水利工程，调节气候，涵养水源，净化水质，控制土壤侵蚀，美化环境，保护生物多样性，增强区域生态系统的稳定性，发展内蒙古西部经济，筑牢我国北方重要生态安全屏障具有重要作用。

奈伦湖国家湿地公园是我国西北地区生物多样性丰富的区域之一。主要保护对象是湿地生态系统、珍稀野生候鸟及其栖息地。规划区内被子植物 42 科 107 属 168 种，其中国家二级保护野生植物有绵刺和沙冬青。丰富的浮游动植物和鱼类为鸟类等提供了大量的食物来源，其中浮游植物有 6 门 64 种，浮游动物有 3 门 50 种（李颖惠，2021）。动物资源有 23 目 48 科 180 种，从国家保护级别分析，国家一级和二级保护野生鸟类共 24 种，占鸟类总种数的 15.58%，其中国家一级保护野生鸟类有白尾海雕（*Haliaeetus albicilla*）和遗鸥（*Ichthyaetus relictus*）2 种，国家二级保护野生鸟类有大天鹅和小天鹅（*Cygnus columbianus*）等 22 种。

奈伦湖国家湿地公园建设项目属于巴彦淖尔黄河流域及乌梁素海湿地生态系统修复项目的一部分。以湿地保护及恢复工程为主，主要以退耕还湿、分洪蓄水、控留凌汛等措施开展湿地保护恢复。建设项目将分洪水经由奈伦湖、总排迁引入乌梁素海的连通工程，修复黄河故道湖泊，进行湿地保护恢复；新建巡护路 15km，湿地生态恢复 3800 亩，进行湿地水系沟通与清淤以及湖堤改造；改善湿地水质和鸟类栖息环境，恢复湿地原有的生态功能。通过多种措施有效遏制湿地功能和生物多样性退化趋势，为持续增强乌梁素海流域生态系统稳定性、增强“北方防沙带”生态屏障功能，改善人居环境和生产环境，筑牢我国北方重要生态安全屏障发挥积极作用。

3.5 沙金套海国家沙漠公园

沙金套海国家沙漠公园，占地 353.04hm^2，是集旅游观光、沙产业科研培训及爱国主义教育等于一体的现代沙产业园区，具有独特的景观资源、丰富的生物资源、深厚的民俗文化资源、富集的旅游资源及明显的交通区位优势。沙金套海国家沙漠公园，生态资源丰富，包括独特的荒漠生态系统、多样的植物和动物种类。地貌上呈现沙地丘陵、沙地、沙漠植被、沙漠沼泽到沙漠湖泊的结构特征。植物有沙生植物和湿生植物，动物包括沙地动物、草原动物、两栖类动物、鱼类等水生动物和浮游动物。

2015 年，磴口沙金套海国家沙漠公园获得国家林业局（现国家林业和草原管理局）批准，开展沙漠公园试点建设工作。沙金套海国家沙漠公园向世界展示磴口县近年来治理乌兰布和沙漠所取得的成就，使其成为巴彦淖尔市旅游产业和沙产业相结合，与纳林湖形成互动、配套的别具特色的旅游项目，真正发挥治沙、富民、环保、健康产业发展模式，并起到典型示范带动作用。

3.6 自然保护地管理措施

（1）科学规划，合理布局

磴口县在规划自然保护地时，充分考虑了生态系统的完整性和连续性、自然资源的分布特点以及人类活动的影响。根据自然资源状况和生态环境特点，制定自然保护地的保护规划和管理办法，明确保护目标和管理措施。通过科学规划，合理划定自然保护地的边界和范围，确保保护地的设置能够最大程度地保护和恢复生态环境，确保自然保护地的有效性和可持续性。这些自然保护地的建立旨在守护自然生态、保育自然资源，并维护自然生态系统的健康稳定。

（2）严格管理，强化执法

磴口县建立了严格的自然保护地管理制度，通过设立专门的管理机构，配备专业的管理人员，加强对自然保护地的日常巡护、管理以及对违法行为的打击力度。同时，加强执法队伍建设，提高执法水平，确保自然保护地的安全和稳定。利用现代科技手段，如“卫星遥感＋地面巡护”的管理模式以及“无人机”技术的应用，对保护地进行实时监测（胡大志等，2024），及时发现并处理违法行为，有效防范发生难以逆转的生态破坏，并避免非法开发建设造成的拆迁和生态恢复产生的巨大经济损失。同时，加强与相关部门的合作，形成合力，共同打击破坏自然资源和生态环境的行为。加大对自然保护地的巡护力度，防止非法破坏和侵入，保护自然资源和野生生物。限制或禁止自然保护地内的开发活动，如采矿、伐木、放牧等，减少人类对自然环境的破坏。

（3）生态问题，重在修复

针对历史遗留的生态问题，磴口县积极采取措施进行生态修复。对受到破坏或退化的生态系统进行修复和重建，包括植被恢复、水土保持、水源涵养等措施，以恢复生态平衡及自然生态系统的结构和功能（李宽等，2023）。同时，注重生物多样性的保护，加强对珍稀濒危物种的保护和繁育工作，促进生物多样性的增加和生态系统的稳定。

（4）划定保护范围，设立保护区

确定自然保护地的范围和边界，确保涵盖关键的生态系统和物种栖息地。在自然保护地内设立保护区，规定严格的管制措施，限制人类活动，并实施相应的管理和监督。

（5）社区参与，共建共享

磴口县注重发挥社区在自然保护地管理中的作用，通过宣传教育、培训以及举办大型活动和发放宣传材料等方式，调动当地居民的积极性，提高周边居民保护野生动植物的意识、环保意识和参与度，使他们能够自觉加入保护自然环境的行列中。同时，建立合理的利益分配机制，让当地居民从保护地管理中获得实惠，形成共建共享的良好氛围。

（6）科研支撑，创新发展

磴口县注重依托科研机构和专业团队，积极引进和培育科研力量，开展自然保护地相关的科学研究和技术创新。通过监测、调查等方式，掌握保护地的生态环境状况和资源分布情况，为制定科学的管理策略和措施提供依据（高君亮等，2023；甘开元等，2023；冯林艳等，2024）。同时，积极引进和推广先进的保护技术和管理经验，提升自然保护地的管理水平和保护效果。

以上做法的综合实施，有助于保护自然环境、维护生态平衡，促进可持续发展，确保自然资源的可持续利用。

自然保护地的建立和管理有助于维护生物多样性，保护珍稀濒危物种，促进野生动植物的繁衍、生长和种群数量明显增加，减少人类活动对自然环境的破坏，改善生态环境质量，促进生态系统的恢复和稳定。自然保护地在保护自然资源的同时，也为生态旅游业的发展提供了机会，促进了当地经济的发展和就业增长。自然保护地为科学研究提供了重要的研究对象和实践基地，同时也为公众提供了自然教育和科普知识的场所。

第 4 章 封沙育草区

4.1 概述

封沙育林育草（简称封育）是在植被遭到破坏的地段上，建立某种防护设施，严禁人畜破坏，为天然植物提供休养生息、滋生繁衍的条件，使植被逐渐恢复。封育一般采用如下具体措施。

①规划封育范围。封育范围按需要或地区而定，没有具体限度。但与荒漠绿洲接壤的封育带，宽度多在 300~1500m。沙源丰富，风沙活动强烈地区，封育宽度应加大，反之则可缩小。

②建立防护设施。为防牲畜侵入，在划定的封育区边界上，建立某种设施，如钢丝网围栏、刺丝围栏、电围栏、枝条栅栏、垒土（石）墙、挖深沟等。

③制定封禁条例。设立管护机构，严格执行奖惩制度。封育初期植被尚未恢复到足以控制流沙时，禁止一切放牧、樵采等活动。以后随着植被恢复则可适当进行划区轮牧和樵采等活动。

④有条件时灌水。绿洲边缘的封育带，应利用农田余水灌沙，其他有水源等条件的封育区，适当地进行灌水，以加速植被恢复，固定流沙。根据新疆、内蒙古等地经验，封育后，凡引水灌溉的区域，封育后 3~4 年，天然植被的覆盖度可由 20%~30% 增加到 50%~60%，流沙趋于固定。封育区内有些一时难以恢复天然植被的流沙地段，通常可以采用补植性造林法在没有植被的地段造林，以加速流沙的固定。

4.2 风沙运动特征

在自然系统中，风是一种尤为重要的生态因子，在地表相对干燥且疏松的干旱半干旱地区，风吹过沙质地表常形成风沙流（陈晓娜等，2020）。风沙活动频率较多的区域时常发生不同形式或不同程度的风沙灾害，不仅会沙埋公路、铁路、农田等，同时也会对这些地区生物资源的可持续利用与发展产生直接威胁。

风蚀是沙漠地区风沙活动的最基本表现形式之一。土壤风蚀（soil wind erosion）是指土壤及其母质在风力作用下剥蚀、分选、搬运的过程，其实质是气流或气固两相流对地表物质的吹蚀和磨蚀塑造地表景观的一个基本地貌过程。土壤风蚀不仅是干旱半干旱地区主要的土地退化过程，而且是导致干旱半干旱地区土地沙漠化与沙尘暴灾害的首要因素。风沙运动规律在沙粒运动、风沙流结构、输沙率、风速廓线、临界起沙风速等方面均已有大量深入细致的研究。

乌兰布和沙漠地处我国荒漠化草原向草原化荒漠过渡地带，是我国北方沙尘暴频发的主要源区及主要路径之一，也是我国干旱区荒漠化发展严重地区，乌兰布和沙漠每年向黄河输沙约 7.72×10^{7}kg，流沙浸入黄河，淤积河床，对三盛公黄河枢纽工程和上游库区构成严重威胁，同时造成整个河套灌区渠道淤积，且在沙漠东北部流沙每年仍以 3~5m 的速度东移逼近农田，对当地的经济和社会发展带来了极大的危害。基于此，针对该封育区的风沙运动特征众多研究人员进行大量的试验研究，部分研究结果如下（刘芳等，2014）。

在 0~100cm 高度输沙断面上，0~10cm 高度层内搬运的沙物质量占总搬运量的 70.7%，90.0% 的风沙流分布于 0~30cm 高度层内（表 4–1）。

表 4-1　输沙量（率）随高度的分布

高度（cm）	0~2	2~4	4~10	10~20	20~30	30~40	40~50	50~60	60~70	70~80	80~90	90~100	合计
输沙量（g）	16.934	16.776	29.097	03.939	3.726	2.195	1.706	1.035	0.85	0.893	0.951	1.29	88.846
输沙率〔g/（cm·min）〕	0.8467	0.8388	1.4548	0.6697	0.1863	0.1097	0.0853	0.0518	0.0425	0.0447	0.0476	0.0645	4.442
输沙量百分比（%）	0.191	0.189	0.327	0.151	0.042	0.025	0.019	0.012	0.010	0.010	0.011	0.015	1

在国家林业和草原局磴口生态站长期监测的基础上，对乌兰布和沙漠东北缘流动沙丘、油蒿半固定沙丘、白刺半固定沙丘、油蒿固定沙丘和白刺固定沙丘 5 种典型下垫面的风沙流输沙量和土壤风蚀特征进行实地观测（刘芳等，2017；刘

芳等 2014），研究结果如下。

沙物质粒径组成不但直接反映母岩的性质或颗粒所受外力作用的强弱，而且和风沙搬运量的大小以及搬运方式也有密切关系，因此，研究风沙流中沙粒粒径的垂向分布及变化，对认识沙粒运动及探究风沙流结构具有重要意义。研究表明，乌兰布和沙漠沙物质主要由粒径为 250~50μm 的细砂和极细砂构成（表 4–2），流动沙丘、半固定、固定沙丘中细砂和极细砂的含量分别为 74.1%、80.6%、86.9%，平均粒径分别为 151.9μm、146.7μm、117.9μm。对 0~100cm 高度范围内各层沙物质的粒度分析结果表明，不论哪种下垫面类型，各高度层风蚀物粒度组成均服从单峰态分布特征（图 4–1），峰值均处在 250~100μm，0~20cm 高度层峰值与其余各层的峰值范围差异明显且偏向粒径趋于变大的方向，说明下层跃移质颗粒的存在使风蚀物粒径相对较粗。在 0~100cm 的高度范围内，极细沙粒度构成比例在自下而上的垂向变化过程中呈现递增趋势，中沙粒度构成比例在垂向变化过程中呈相反的变化，在自下而上的垂向变化过程中呈递减趋势。即随着高度增加，风蚀物各粒级含量中中砂级组分含量减少，粉砂及黏土组分含量增加，风蚀物粒径变细。

表 4-2　不同下垫面风蚀物粒度构成

下垫面类型	粒度分级（%）							
	1000~500（μm）	500~250（μm）	250~100（μm）	100~50（μm）	50~25（μm）	25~10（μm）	10~5（μm）	平均粒径
流动沙丘	1.3	12.2	42.6	31.7	2.9	1.7	7.7	151.9
半固定沙	1.8	9.2	62.2	18.4	1.4	1	6.1	146.7
固定沙丘	0.5	1.9	53.2	33.7	3.2	1.6	5.9	117.9

由图 4–2 可知，在 0~100cm 高度范围内，随高度增加，无论是风蚀物粒径范围，还是平均粒径，均呈明显的递减趋势，流动沙丘平均粒径由 212.9μm 减少至 91.3μm，半固定沙丘由 173.5μm 减少至 96.8μm，固定沙丘由 130.6μm 减少至 103.4μm。由此可见，随着高度的增加风沙流中沙粒的平均粒径趋向于更细，这表明在同等条件下，气流上升的举力不足以把较大的沙粒带到较高的高度，但可以把重量较小的颗粒运送到较高的高度层，最终使直径越小的沙粒跳跃的高度越大。

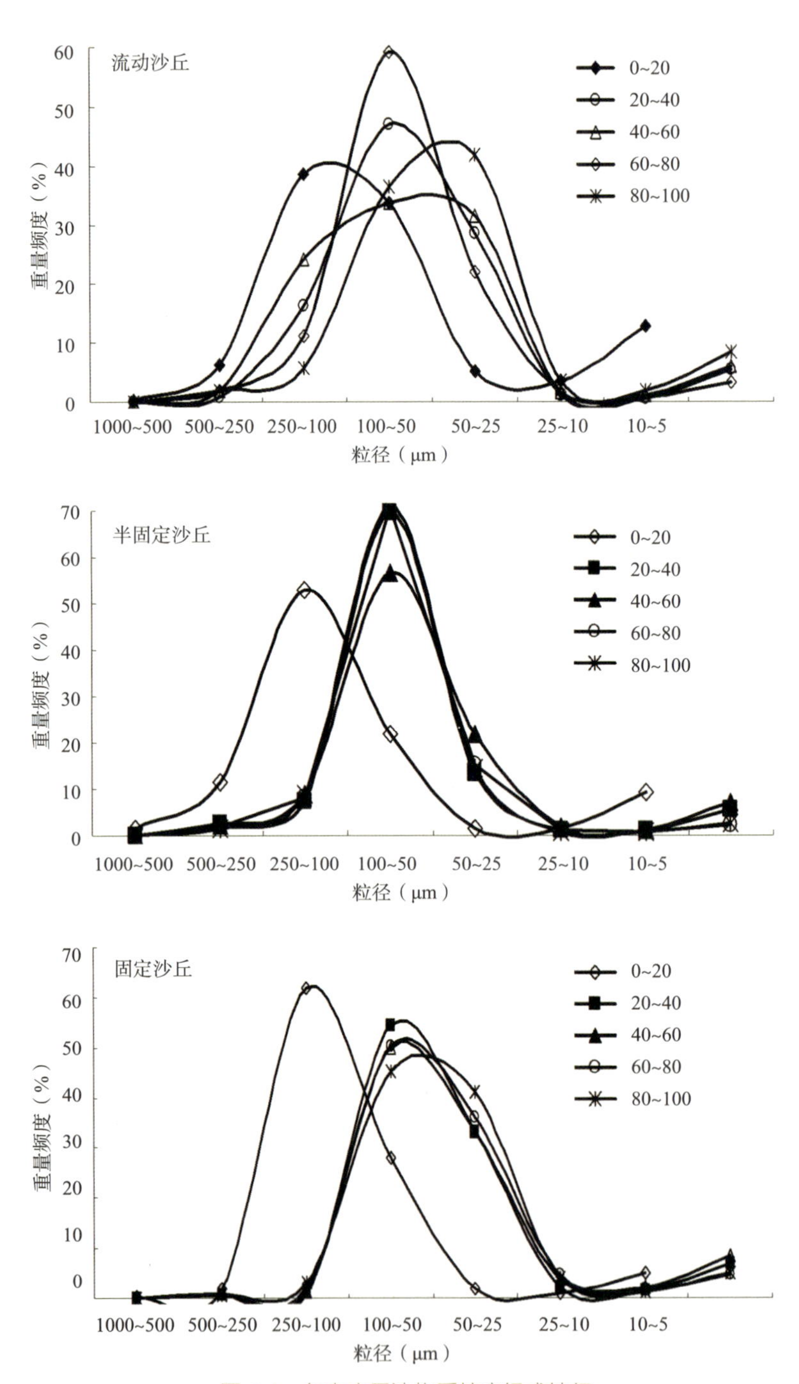

图 4-1　各高度层沙物质粒度组成特征

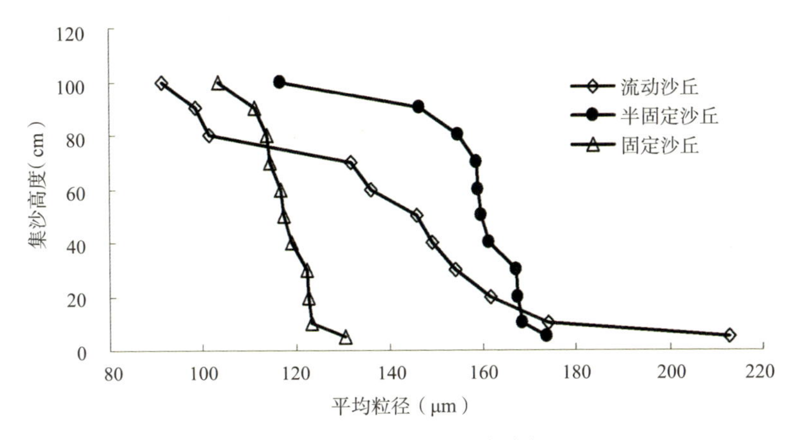

图 4-2　沙粒粒径的垂直分布

输沙率是指风沙流在单位时间内通过单位宽度或单位面积的沙物质量，是衡量沙区沙害程度的主要指标之一，也是治沙工程设计的主要依据。对乌兰布和沙漠 5 种类型沙丘实测输沙数据统计分析（表 4-3）表明：在 0~100cm 垂直输沙断面上，不论是哪种下垫面类型，各高度层输沙量百分比随高度变化规律基本一致，随高度增加输沙量百分比呈下降趋势，0~10cm 高度层输沙量占总输沙量的 42.8%~70.7%，且主要集中于贴地层 0~4cm 高度内，67.6%~90.0% 的输沙分布于 0~30cm 高度层。

将输沙率随高度的整体变化进行拟合（图 4-3），可以看出输沙率随高度的增加呈幂函数衰减的趋势，关系式：

$$Q=a\cdot h^{-b} \tag{4-1}$$

式中，Q 为输沙率；h 为高度；a、b 为系数；R^2 为相关系数，相关系数 R^2 均在 0.8409 以上，相关性较好。

将油蒿固定沙丘、白刺固定沙丘输沙量百分比随高度的变化与无植被覆盖的流动沙丘情况进行对比得出：由于植被盖度的增大，两种沙丘输沙量百分比在贴地层变小，0~10cm 高度层相对输沙量分别下降到总输沙量的 55.1% 和 42.8%，比流动沙丘 0~10cm 输沙量百分比减少 27.9% 和 15.6%。这主要是由于地表植被改变下垫面状况而增大了空气动力学粗糙度，改变了风力作用强度，增大了地表剪切力，使贴地层相对输沙量减少，导致风沙流结构变异。

表 4-3　不同下垫面输沙量（率）随高度的分布

下垫面类型		高度（cm）	0~2	2~4	4~10	10~20	20~30	30~40	40~50	50~60	60~70	70~80	80~90	90~100	合计
流动沙丘（盖度 0%）		输沙量（g）	16.934	16.776	29.097	13.393	3.726	2.195	1.706	1.035	0.85	0.893	0.951	1.29	88.846
		输沙量百分比 %）	0.191	0.189	0.327	0.151	0.042	0.025	0.019	0.012	0.010	0.010	0.011	0.015	1
		输沙率〔g/（cm · min）〕	0.8467	0.8388	1.4548	0.6697	0.1863	0.1097	0.0853	0.0518	0.0425	0.0447	0.0476	0.0645	4.442
半固定沙丘	油蒿群落（盖度 20%）	输沙量（g）	10.81	5.732	7.166	3.828	1.902	1.321	1.094	0.84	0.763	0.674	0.628	0.647	35.405
		输沙量百分比 %）	0.305	0.162	0.202	0.108	0.054	0.037	0.031	0.024	0.022	0.019	0.018	0.018	1
		输沙率〔g/（cm · min）〕	0.5405	0.2866	0.3583	0.1914	0.0951	0.0661	0.0547	0.0420	0.0382	0.0337	0.0314	0.0324	1.7704
	白刺群落（盖度 30%）	输沙量（g）	1.980	1.306	1.366	0.825	0.508	0.555	0.357	0.237	0.344	0.235	0.349	0.384	8.446
		输沙量百分比 %）	0.234	0.155	0.162	0.098	0.060	0.066	0.042	0.028	0.041	0.028	0.041	0.045	1
		输沙率〔g/（cm · min）〕	0.0990	0.0653	0.0683	0.0413	0.0254	0.0278	0.0179	0.0119	0.0172	0.0118	0.0175	0.0192	0.4226
固定沙丘	油蒿群落（盖度 40%）	输沙量（g）	1.337	0.743	0.887	0.978	0.735	0.511	0.414	0.295	0.259	0.245	0.245	0.275	6.924
		输沙量百分比 %）	0.193	0.107	0.128	0.141	0.106	0.074	0.060	0.043	0.037	0.035	0.035	0.040	1
		输沙率〔g/（cm · min）〕	0.0669	0.0372	0.0444	0.0489	0.0368	0.0256	0.0207	0.0148	0.0130	0.0123	0.0123	0.0138	0.3467
	白刺群落（盖度 40%）	输沙量（g）	1.939	1.120	1.236	0.753	0.451	0.393	0.398	0.151	0.142	0.140	0.139	0.112	6.974
		输沙量百分比 %）	0.278	0.161	0.177	0.108	0.065	0.056	0.057	0.022	0.02	0.02	0.02	0.016	1
		输沙率〔g/（cm · min）〕	0.0969	0.056	0.0618	0.0377	0.0226	0.0197	0.0199	0.0076	0.0071	0.007	0.007	0.0056	0.3489

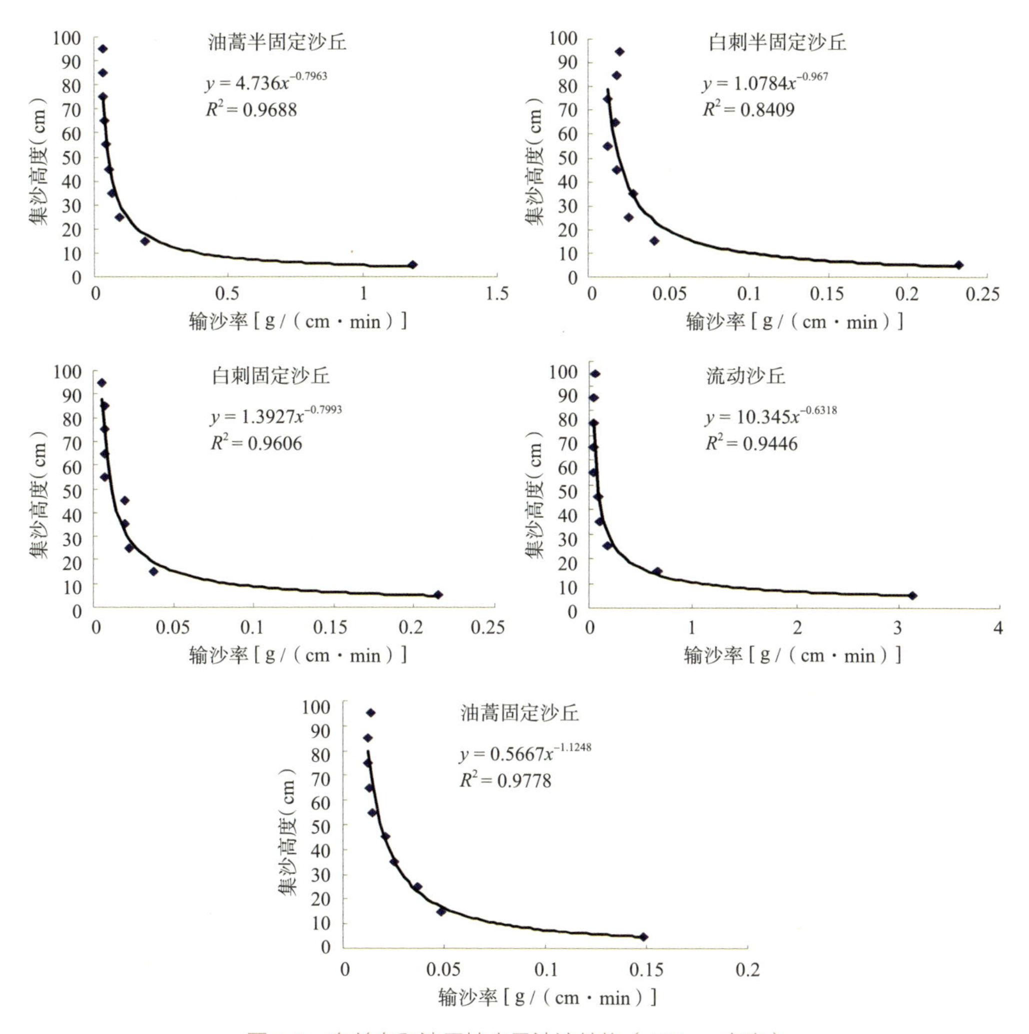

图 4-3 乌兰布和沙区地表风沙流结构（100cm 高度）

选择 7.9m/s、9.7m/s、11m/s、12.3m/s 风速条件下各沙丘输沙率进行对比（表 4–4）：植被盖度为 20% 的油蒿半固定沙丘输沙率均值仅为流动沙丘输沙率均值的 36.6%，盖度为 30% 的白刺半固定沙丘输沙率均值仅为流动沙丘输沙率均值的 11.3%，盖度为 40% 的油蒿固定沙丘和白刺固定沙丘输沙率均值仅为流动沙丘输沙率均值的 6.6%、5.1%。由此可见，当植被盖度达到 40% 以上时，沙丘的输沙率不及流动沙丘输沙率的 6.6%，可有效阻止地表风蚀，认识风沙运动的这一特性，对于治沙工程设计有重要意义。

表 4-4　不同类型沙丘输沙率（100 cm 高度）

单位：g/（cm · min）

风速（m/s）	流动沙丘（盖度 0%）	半固定沙丘		固定沙丘	
		油蒿半固定（盖度 20%）	白刺半固定（盖度 30%）	油蒿固定（盖度 40%）	白刺固定（盖度 40%）
12.3	14.991	4.895	2.217	1.016	0.193
11.0	6.993	4.391	0.653	0.582	0.276
9.7	4.884	1.486	0.513	0.310	0.341
9.3	4.598	1.278	0.325	0.181	0.439
7.9	3.449	0.717	0.224	0.077	0.540
输沙率均值	6.983	2.553	0.786	0.433	0.358
与流动沙丘输沙率比值	—	0.366	0.113	0.062	0.051

4.3 植物群落特征

4.3.1 乌兰布和沙漠植物群落特征研究

群落物种多样性可以反映群落结构和功能（汪殿蓓等，2001）。研究群落的物种多样性除了能够明确其物种组成、结构和功能，还可以探索不同群落间生物和环境的相互作用及变化，对于植物资源保护、群落演替和脆弱生态环境修复等具有重要的作用（董雪等，2020）。目前，气候变化，特别是气候变暖和降水格局变化已经对植物多样性产生了深刻影响，植物多样性降低必然会影响生态系统稳定性。虽然现在对不同尺度、不同生态系统的植物多样性开展了大量研究，但对于生态过渡带的关注仍旧较少（何远政等，2021）。生态过渡带属于两种植被类型的过渡区域（陈旭东等，1998），环境因子和植物群落都处于渐变的状态，其群落结构、功能及动态都相当复杂，对人类干扰和气候变化十分敏感。

2019 年 8~9 月通过样方法对乌兰布和沙漠西鄂尔多斯与阴山北麓典型植物群落进行了采样调查。经过对 250 个样方的调查，共记录到植物 74 种，隶属于 25 科。灌木植物 6 科 14 种，草本植物 19 科 60 种，其中菊科 15 种、藜科 11 种、禾本科 13 种、豆科 7 种、蒺藜科 6 种，共占总物种数的 70.3%。沙米（*Agriophyllum squarrosum*）、骆驼蓬（*Peganum harmala*）、芨芨草（*Achnatherum splendens*）、达乌里胡枝子（*Lespedeza davurica*）、沙鞭（*Psammochloa villosa*）

是西鄂尔多斯与阴山北麓常见的草本植物。盐爪爪（*Kalidiumfoliatum*）、刺叶柄棘豆（*Oxytropis aciphylla*）、白刺、柠条锦鸡儿是常见的灌木种类。各生活型物种数大小排序为多年生草本（35 种，占 47.3%）> 1 年生草本（25 种，占 33.8%）>灌木及半灌木（14 种，18.9%）。

Simpson 多样性指数表现为白刺 > 油蒿 > 红砂（*Reaumuria songarica*）> 沙米 > 画眉草（*Eragrostis pilosa*）> 雾冰藜（*Grubovia dasyphylla*）> 骆驼蓬 > 虎尾草（*Chloris virgata*）> 三芒草（*Aristida adscensionis*），Shannon–Wiener 多样性指数表现为白刺 > 油蒿 > 红砂 > 沙米 > 雾冰藜 > 画眉草 > 虎尾草 > 骆驼蓬 > 三芒草，但两个指数在多数群落之间无显著差异。Simpson 多样性指数在三芒草群落与白刺、油蒿以及红砂群落间存在显著性差异（$P < 0.05$）。Shannon–Wiener 多样性指数在三芒草群落与白刺、油蒿以及红砂群落间存在显著性差异（$P < 0.05$），骆驼蓬群落与之情况相同。这可能与其生境条件有关，白刺是干旱、半干旱荒漠地区常见的建群种和优良的固沙植物之一，具有耐干旱、耐盐碱、耐沙埋、抗风蚀、生长快和易繁殖等特点，其茎秆根系化明显，枝条沙埋后能在湿沙中生出新的不定根，积沙成丘，形成固定和半固定的灌丛沙堆；油蒿属半灌木，根系粗大，深长，植株抗旱，茎秆与枝条抗风沙埋压、耐风蚀，是干旱沙区最常见的优良固沙植物，也是固沙植被的主要建群种和优势种，因此物种组成丰富，多样性指数较高。

Margalef 丰富度指数表现为白刺群落 > 红砂群落 > 雾冰藜群落 > 三芒草群落 > 沙米群落 > 油蒿群落 > 虎尾草群落 > 骆驼蓬群落 > 画眉草群落，但多数群落间无显著性差异。统计检验结果表明，白刺群落的物种丰富度显著大于其他群落（$P < 0.05$）。画眉草群落和骆驼蓬群落分别与红砂群落、雾冰藜群落、三芒草群落、沙米群落以及油蒿群落的物种丰富度也存在显著差异（$P < 0.05$）。画眉草群落和骆驼蓬群落一般生长在荒漠地带干旱草地，主要受到上一年以及当年的降水影响，受水分光照条件限制，生长发育的伴生植物种类较少，因而其物种丰富度指数低于其他群落。图 4–4 中各群落物种均匀度指数（Pielou）大、小排列为白刺群落 > 油蒿群落 > 画眉草群落 > 红砂群落 > 沙米群落 > 雾冰藜群落 > 骆驼蓬群落 > 虎尾草群落 > 三芒草群落，除三芒草群落外，其他植物群落间无显著差异。统计检验发现，三芒草群落的 Pielou 均匀度指数显著低于其他群落（$P < 0.05$）。差异产生的原因可能是三芒草群落优势物种高大簇生且生态位广，竞争力强，株下虽有其他物种伴生但个体数很少且长势较弱，并且群落所处样地

降水幅度小，不利于保土保墒，影响其他物种生存，因而其物种均匀度指数低于其他群落（马媛等，2021）。

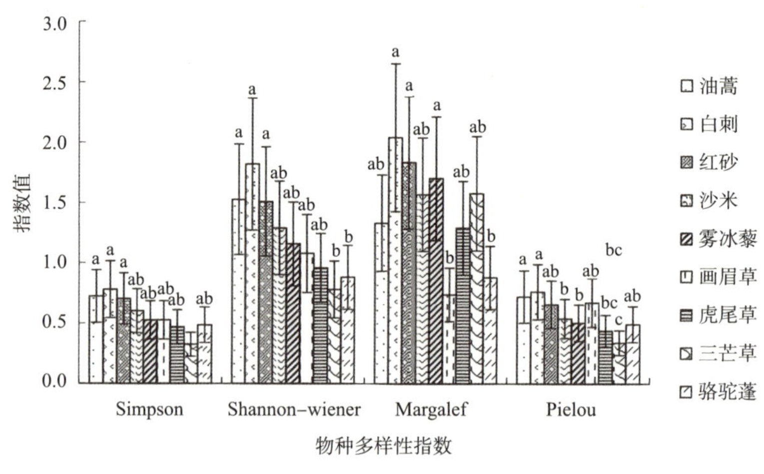

图 4-4　不同植物群落物种多样性指数

4.3.2　白刺群落和油蒿群落特征研究

白刺和油蒿是乌兰布和沙漠东北部人工绿洲边缘常见的植物种，从植物群落及个体特征对此 2 种天然植被进行研究，结果表明：白刺群落和油蒿群落结构都比较简单，白刺群落环境优于油蒿群落；白刺的地上生物量显著高于油蒿（$P < 0.05$），两者的基径、高度和冠幅之间没有显著差异（$P > 0.05$）；白刺的地上生物量与基径、高度之间存在显著的正相关性，而油蒿的各生长指标之间没有显著的相关性。

调查结果（表 4–5）显示，该研究区域以白刺群落和油蒿群落为主，并且白刺和油蒿在群落中占据绝对主导地位，群落中共有 9 种伴生植物（不包括短命、类短命植物），分别属于蒺藜科、藜科、菊科、禾本科。绿洲边缘地区没有大沙丘，只有一些缓坡及白刺沙堆，属于固定半固定沙地。白刺群落与油蒿群落平均盖度分别为 32%、11.5%，经方差分析，白刺群落与油蒿群落的盖度差异显著（$P < 0.05$）。白刺群落平均盖度较油蒿群落大，而其盖度较大的原因是白刺多以灌丛沙堆的形式存在。白刺群落有 3 个科，分别是菊科、禾本科、藜科，其中藜科有 2 种植物；油蒿群落禾本科有 4 种植物，藜科有 3 种植物。白刺是多年生灌木，油蒿是多年生半灌木，其他均为草本植物。禾本科 4 种植物中虎尾草和三芒

草是1年生草本，其他均是多年生草本；而藜科3种植物均为1年生草本。9月为生长季末期，短命、类短命植物并没有出现在调查样地内（马迎宾等，2015）。

表4-5 植物群落组成

群落类型	平均盖度（%）	主要伴生种	分布
白刺（*Nitraria tangutorum*）	32	沙蓬（*Agriophyllum pungens*）、沙鞭（*Psammochloa villosa*）、猪毛菜（*Salsola collina*）、油蒿（*Artemisia ordosica*）	固定沙丘
油蒿（*Artemisia ordosica*）	11.5	虎尾草（*Chloris virgata*）、虫实（*Corispermum hyssopifolium*）、猪毛菜（*Salsola collina*）、沙鞭（*Psammochloa villosa*）、三芒草（*Aristida adscensionis*）、沙蓬（*Agriophyllum pungens*）、无芒隐子草（*Cleistogenes songorica*）、白刺（*Nitraria tangutorum*）	半固定沙丘、流动沙丘

通过对野外实地调查的数据进行物种多样性计算，得到结果如图4–5所示。可以看出绿洲边缘白刺群落和油蒿群落丰富度指数、均匀度指数、多样性指数均较低，而白刺群落的各项指数均比油蒿群落高，但是经方差分析，两种植物群落各项多样性指数之间差异不显著（$P > 0.05$），虽然差异不显著，但仍可推断白刺群落的生长环境要优于油蒿群落。

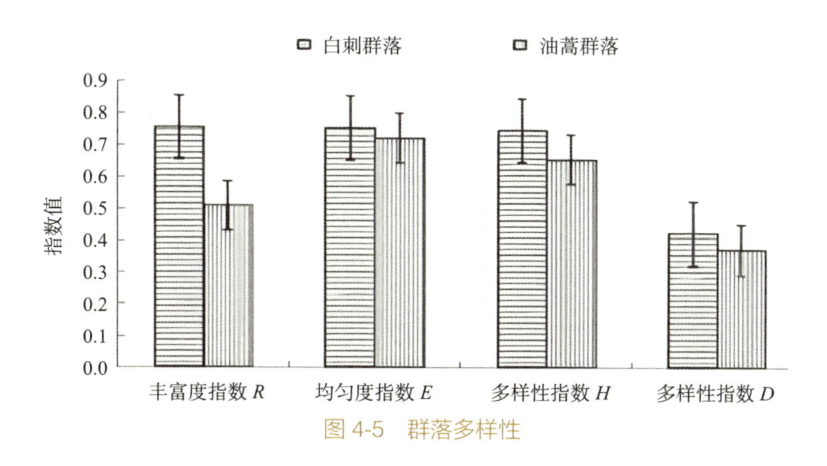

图4-5 群落多样性

将野外调查数据进行处理，所得结果见表4–6。白刺和油蒿的冠幅近似椭圆形，通过测量数据计算得出的椭圆面积即为冠幅。两种植物每平方米的地上生物量，通过收获法获取。

对白刺和油蒿进行对比分析可知，白刺的基径和高度较油蒿小，而白刺的冠幅和地上生物量则较油蒿大。经方差分析，白刺和油蒿的地上生物量差异显著

（$P < 0.05$），而两种植物的基径、冠幅和高度之间差异不显著（$P > 0.05$），说明白刺和油蒿的基本形态结构特征比较接近。由于白刺为多年生灌木，而油蒿为多年生半灌木，白刺的枝条木质化程度较油蒿高，因此二者的地上生物量差异较大。

表 4-6　建群种生长特征

建群种	基径（mm）	冠幅（m^2）	高度（cm）	地上生物量（g/m^2）
白刺（*Nitraria tangutorum*）	5.38 ± 1.20a	0.48 ± 0.25a	49.67 ± 9.01a	94.35 ± 47.41a
油蒿（*Artemisia ordosica*）	7.46 ± 2.67a	0.35 ± 0.20a	57.40 ± 9.35a	46.10 ± 26.21b

注：每列字母相同代表白刺与油蒿之间差异性不显著（$P > 0.05$），字母不同代表两者之间差异显著（$P < 0.05$）。

对白刺的各个生长指标进行相关性分析（表 4–7）可知：白刺的地上生物量与白刺的基径和高度之间存在显著的正相关关系，也就是说白刺的高度越高、基径越大，则白刺的地上生物量也就越大，说明决定白刺地上生物量的主要因素是木质化的枝条；白刺的高度和基径也呈显著的正相关；而白刺的冠幅与其他指标之间不存在显著的相关性，也就是白刺的高度和基径不能决定冠幅的大小，白刺的地上生物量与冠幅的大小也没有必然的联系。

表 4-7　白刺各生长指标的相关性

	地上生物量	基径	冠幅	高度
地上生物量	1			
基径	0.89**	1		
冠幅	0.07	–0.14	1	
高度	0.91**	0.96**	–0.20	1

注：** 代表两者之间有极显著的相关性。

对油蒿的各生长指标进行相关性分析（表 4–8）可知，油蒿各生长指标之间都没有显著的相关性，这与白刺各生长指标之间的相关性不同。油蒿的生长特性

表 4-8　油蒿各生长指标的相关性

	地上生物量	基径	冠幅	高度
地上生物量	1			
基径	0.20	1		
冠幅	0.13	–0.26	1	
高度	0.21	0.01	0.28	1

及形态结构特征没有特定的规律可循，这可能与油蒿的生长年限有关，因为调查过程中发现，油蒿生长年限变化较大。

4.3.3 植被群落多样性对降水的响应

通过对乌兰布和沙漠白刺群落与沙蒿（*Artemisia desertorum*）群落进行固定样方监测，分析白刺群落与沙蒿群落多样性的变化及其对降水的响应。结果表明：2 个典型灌木群落物种数对降水响应明显；白刺群落与沙蒿群落中 1 年生草本对降水响应明显，而灌木与多年生草本对降水无响应；白刺群落与沙蒿群落的物种丰富度与多样性对降水响应明显，沙蒿群落与白刺群落的相似性对降水响应明显；降水量与 2 个典型灌木群落的物种数、盖度、丰富度指数、均匀度指数、多样性指数均呈正相关关系，相关系数均大于 0.60。

对 2011—2013 年乌兰布和沙漠典型植被群落组成分科变化的调查（表 4–9）显示，不同群落之间物种组成存在差异。白刺群落 2011 年有 7 种植物，隶属于 5 科，其中禾本科、藜科各为 2 种，蒺藜科、菊科、十字花科均有 1 种植物出现；2012 年有 10 种植物，隶属于 4 科，比 2011 年物种数增加了 3 种，其中藜科植物增加了 2 种，禾本科与菊科植物各增加了 1 种，十字花科植物减少了 1 种；2013 年有 5 种植物，隶属于 4 科，比 2012 年减少了 5 种，其中藜科与禾本科植

表 4-9 典型灌木群落植组成分科变化

群落	科	2011		2012		2013	
		植物种数	占总种数比例（%）	植物种数	占总种数比例（%）	植物种数	占总种数比例（%）
白刺（*Nitraria tangutorum*）	蒺藜科（Zygophyllaceae）	1	16.67	1	11.11	1	20.00
	禾本科（Gramineae）	2	33.33	3	33.33	1	20.00
	菊科（Compositae）	1	16.67	2	22.22	1	20.00
	藜科（Chenopodiaceae）	2	33.33	4	44.44	2	40.00
	十字花科（Brassicaceae）	1	16.67	0	0	0	0
沙蒿（*Artemisia desertorum*）	菊科（Compositae）	1	33.33	1	14.29	1	16.67
	藜科（Chenopodiaceae）	1	33.33	4	57.14	4	66.67
	禾本科（Gramineae）	0	0	2	28.57	1	16.67
	豆科（Fabaceae）	1	33.33	0	0	0	0

物各减少 2 种，菊科植物减少了 1 种。沙蒿群落 2011 年有 3 种植物，隶属于 3 科，菊科、藜科、豆科各有 1 种植物；2012 年有 7 种，隶属于 3 科，比 2011 年增加了 4 种，其中藜科植物增加了 3 种，禾本科植物增加了 2 种，豆科植物减少了 1 种；2013 年有 6 种，隶属于 3 科，比 2012 年减少了 1 种。

总体来看，白刺群落与沙蒿群落中，2012 年的植物种数最多，2011 年与 2013 年相差不大。2012 年降水量增加，群落中禾本科与藜科植物的种数对降水响应明显，增加的禾本科与藜科植物均为 1 年生草本植物。2013 年降水稀少，部分 1 年生草本植物并没有生长或完成生活史，因此 2013 年群落中的植被种数减少（辛智鸣等，2015）。

表 4-10 显示了 2011—2013 年 2 个典型群落生活型的变化。白刺群落 2011 年 1 年生草本 4 种，灌木、半灌木、多年生草本各有 1 种；2012 年 1 年生草本 6 种，比 2011 年增加了 2 种；2013 年 1 年生草本 2 种，比 2012 年减少了 4 种。沙蒿群落 2011 年灌木、半灌木、多年生草本各有 1 种，群落中没有 1 年生草本；2012 年 1 年生草本有 4 种，比 2011 年增加了 4 种；2013 年 1 年生草本 3 种，比 2012 年减少 1 种。样方内 1 年生草本对降水的响应明显，而灌木与多年生草本对降水无响应。

表 4-10　典型灌木群落生活型及其种数

群落	年份	灌木	半灌木	1 年生草本	多年生草本
白刺（*Nitraria tangutorum*）	2011	1	1	4	1
	2012	1	2	6	1
	2013	1	1	2	1
沙蒿（*Artemisia desertorum*）	2011	1	1	0	1
	2012	1	1	4	1
	2013	1	1	3	1

2011—2013 年 2 个群落多样性指数变化见表 4–11。白刺群落 2012 年盖度是 2011 年的 1.12 倍；白刺群落 2012 年丰富度指数最高，与 2011 年差异显著；均匀度指数 2012 年高于 2011 年，差异显著；多样性指数 2012 年最高。说明白刺群落多样性对降水响应明显，2012 年充足的降水，提高了物种丰富度。2012 年沙蒿群落盖度是 2011 年的 1.17 倍；丰富度指数 2012 年最大，与 2011 年相比，降水充足，显著增加了沙蒿群落丰富度；均匀度指数 2012 年与 2011 年相比显著提高；多样性指数 2012 年显著高于 2011 年。进一步说明 2012 年的充足降

水量增加了沙蒿群落多样性，提高了物种丰富度。

表 4-11 典型灌木群落多样性特征

群落	年份	盖度（%）	丰富度指数（*R*）	均匀度指数（*E*）	多样性指数（*H*）	多样性指数（*D*）
白刺（*Nitraria tangutorum*）	2011	26.67 ± 4.71a	2.0640 ± 0.51ab	0.5479 ± 0.01b	0.6019 ± 0.35b	0.3203 ± 0.30b
	2012	30.00 ± 4.08a	2.1723 ± 0.38a	0.7832 ± 0.02a	1.8035 ± 0.17a	0.7689 ± 0.16a
	2013	25.33 ± 2.25a	1.3352 ± 0.18b	0.6226 ± 0.08ab	0.6840 ± 0.22b	0.4850 ± 0.24b
沙蒿（*Artemisia desertorum*）	2011	38.33 ± 6.23a	0.8049 ± 0.05b	0.8286 ± 0.03b	1.0397 ± 0.40c	0.6250 ± 0.32b
	2012	45.00 ± 10.80a	1.5417 ± 0.12a	0.9464 ± 0.03a	1.6124 ± 0.30a	0.7671 ± 0.26a
	2013	31.00 ± 2.94a	1.2654 ± 0.16a	0.6901 ± 0.05c	1.1107 ± 0.23b	0.5946 ± 0.21c

注：不同小写字母表示不同年份差异显著。

由表 4–12 可知，白刺与沙蒿群落中，降水量与物种数、盖度、丰富度指数、均匀度指数、多样性指数、多样性指数均为正相关关系，且相关系数均大于 0.600。

表 4-12 降水量与典型灌木群落多样性指标的相关系数

群落	指标	物种数	盖度	丰富度指数（*R*）	均匀度指数（*E*）	多样性指数（*H*）	多样性指数（*D*）	降水量
白刺（*Nitraria tangutorum*）	物种数	1.0000						
	盖度	0.9920	1.0000					
	丰富度指数（*R*）	0.8681	0.7987	1.0000				
	均匀度指数（*E*）	0.7488	0.8263	0.3212	1.0000			
	多样性指数（*H*）	0.8916	0.9416	0.5494	0.9677	1.0000		
	多样性指数（*D*）	0.7109	0.7938	0.2681	0.9985	0.9523	1.0000	
	降水量	0.9201	0.9621	0.6043	0.9486	0.9977	0.9296	1.0000
沙蒿（*Artemisia desertorum*）	物种数	1.0000						
	盖度	0.2137	1.0000					
	丰富度指数（*R*）	0.9905	0.3458	1.0000				
	均匀度指数（*E*）	0.2053	1.0000	0.3377	1.0000			
	多样性指数（*H*）	0.7725	0.7854	0.8524	0.7801	1.0000		
	多样性指数（*D*）	0.5649	0.9268	0.6728	0.9235	0.9604	1.0000	
	降水量	0.6890	0.8553	0.7819	0.8508	0.9925	0.9873	1.0000

4.3.4 白刺群落与油蒿群落土壤养分特征研究

在乌兰布和沙漠采用野外调查和室内分析的方法，研究了白刺群落与油蒿群落土壤养分特征，并对土壤养分进行了综合评价（黄雅茹等，2019）。结果表明：有机质含量、全氮、全钾、全磷、碱解氮、速效钾、有效磷分别为 2.70±0.43g/kg、0.30±0.04g/kg、20.80±3.38mg/kg、19.29±1.23g/kg、93.00±3.00mg/kg、0.30±0.02g/kg、3.74±0.38mg/kg，pH 值为 9.37±0.09，土壤各养分指标均属于弱变异。土壤有机质、全氮、全钾、全磷、碱解氮、速效钾、有效磷表现为白刺群落＞油蒿群落＞裸沙地。白刺群落与油蒿群落有机质在 20~40cm、40~60cm 层差异显著（$P < 0.05$），在 0~20cm、60~80cm、80~100cm 土层差异不显著（$P > 0.05$）；碱解氮、全钾在 20~40cm 差异显著（$P < 0.05$），在 0~20cm、40~60cm、60~80cm、80~100cm 差异不显著（$P > 0.05$）；各土层全氮、速效钾、全磷、有效磷差异均不显著（$P > 0.05$）。白刺群落与油蒿群落土壤有机质、全氮、全钾、全磷、碱解氮、有效磷、速效钾随着土层深度的增加呈下降趋势，呈现表聚性特点。土壤养分综合评价的排序为白刺群落（0.566）＞油蒿群落（0.423）＞裸沙地（0.249）。

土壤养分均值是将所有土样的 8 项养分指标分别进行算术平均，计算结果见表 4-13，有机质含量为 2.70±0.43g/kg，全氮、碱解氮、全钾、速效钾、全磷、有效磷分别为 0.30±0.04g/kg、20.80±3.38mg/kg、19.29±1.23g/kg、93.00±3.00mg/kg、0.30±0.02g/kg、3.74±0.38mg/kg，pH 值为 9.37±0.09。土壤各养分指标均属于弱变异，其中 pH 值变异系数仅为 2.99%，变异性非常小。

表 4-13 土壤养分统计

养分指标	最大值	最小值	平均值	中位数	标准误差	标准差	变异系数（%）
有机质（g/kg）	4.9	0.57	2.70	2.6	0.43	1.37	50.74
全氮（g/kg）	0.5	0.1	0.30	0.32	0.04	0.12	40.00
碱解氮（mg/kg）	37	11	20.80	15	3.38	10.68	51.35
全钾（g/kg）	23.7	11.7	19.29	19.6	1.23	3.88	20.11
速效钾（mg/kg）	110	80	93.00	90	3.00	9.49	10.20
全磷（g/kg）	0.45	0.22	0.30	0.28	0.02	0.07	23.33
有效磷（mg/kg）	6	2.4	3.74	3.4	0.38	1.19	31.82
pH 值	9.8	9.1	9.37	9.3	0.09	0.28	2.99

由表 4–14 可以看出，油蒿群落与白刺群落的土壤 pH 值随着土层深度的增加呈下降趋势。土壤 pH 值的大小顺序为油蒿群落＞白刺群落＞裸沙地。

由表 4–14 可知，两种群落土壤有机质随着土层深度的增加呈下降趋势，不同植物群落有机质含量存在差异，就表层有机质来看，白刺群落的有机质含量最高，是裸沙地的 6.1 倍，是油蒿群落的 1.4 倍，在 0~20cm 土层，白刺群落有机质与油蒿群落有机质差异不显著（$P > 0.05$），均与裸沙地差异显著（$P < 0.05$）。20~40cm、40~60cm 白刺群落有机质与油蒿群落有机质差异显著（$P < 0.05$），60~80cm、80~100cm 差异不显著（$P > 0.05$）。土壤有机质平均含量大小顺序为：白刺群落＞油蒿群落＞裸沙地。

由表 4–14 可知，随着土层深度的增加全氮含量呈下降趋势，白刺群落、油蒿群落 0~20cm 层的全氮含量分别是 80~100cm 层的 2.5 倍、5.0 倍。全氮含量变化幅度较小，白刺群落全氮含量变化范围在 0.16 ± 0.02~0.40 ± 0.01g/kg，油蒿群落全氮含量变化范围在 0.10 ± 0.01~0.50 ± 0.09g/kg。土壤全氮为土壤肥力重要指标之一，它与土壤有机质存在极大的相关性，一般而言，土壤全氮的 95% 来源于有机质，全氮含量为白刺群落＞油蒿群落＞裸沙地，其大小顺序与有机质变化顺序一致。白刺群落与油蒿群落各土层差异均不显著（$P > 0.05$）。

白刺群落土壤碱解氮含量变化范围在 11 ± 1.48~37 ± 0.89mg/kg，油蒿群落变化范围在 11 ± 1.32~30 ± 1.20mg/kg，大小顺序为白刺群落＞油蒿群落＞裸沙地。0~20cm 差异不显著（$P > 0.05$），20~40cm 差异显著（$P < 0.05$），40~60cm、60~80cm、80~100cm 差异不显著（$P > 0.05$）。

由表 4–14 可知，白刺群落与油蒿群落土壤全钾含量和速效钾含量随着土层深度的增加呈下降趋势，白刺群落全钾含量变化范围在 15.9 ± 1.44~23.6 ± 1.88g/kg，平均全钾含量最高的白刺群落，是裸沙地的 1.1 倍，速效钾含量变化范围在 80 ± 12.36~110 ± 13.26mg/kg，平均速效钾含量最高的白刺群落，是裸沙地的 1.3 倍。土壤全钾含量大小顺序为：白刺群落＞裸沙地＞油蒿群落。速效钾含量大小顺序为：白刺群落＞油蒿群落＞裸沙地。0~20cm 全钾差异不显著（$P > 0.05$），20~40cm 差异显著（$P < 0.05$），40~60cm、60~80cm、80~100cm 差异不显著（$P > 0.05$）。

由表 4–14 可知，白刺群落与油蒿群落随着土层深度的增加，全磷含量与有效磷含量呈下降趋势，白刺群落全磷含量变化范围在 0.25 ± 0.03~0.45 ± 0.06g/kg，油蒿群落全磷含量变化范围在 0.18 ± 0.08~0.32 ± 0.01g/kg，全磷含量为白刺群落

＞油蒿群落＞裸沙地，有效磷含量为白刺群落＞油蒿群落＞裸沙地。0~20cm、20~40cm、40~60cm、60~80cm、80~100cm 白刺群落与油蒿群落全磷与有效磷差异不显著（$P > 0.05$）。

表 4-14　油蒿群落与白刺群落不同土层土壤养分

养分指标	土层深度（cm）	裸沙地	油蒿群落	白刺群落
有机质（g/kg）	0~20	0.80 ± 0.07b	3.60 ± 0.02a	4.90 ± 0.05a
	20~40	2.10 ± 0.09b	2.30 ± 0.03b	4.20 ± 0.09a
	40~60	1.70 ± 0.05b	1.90 ± 0.05b	3.50 ± 0.04a
	60~80	3.10 ± 0.15a	1.90 ± 0.05a	2.90 ± 0.05a
	80~100	2.30 ± 0.11a	0.57 ± 0.06a	1.20 ± 0.03a
全氮（g/kg）	0~20	0.24 ± 0.10b	0.50 ± 0.09a	0.40 ± 0.01a
	20~40	0.21 ± 0.09b	0.35 ± 0.05a	0.38 ± 0.05a
	40~60	0.14 ± 0.04b	0.23 ± 0.06a	0.35 ± 0.04a
	60~80	0.12 ± 0.03b	0.29 ± 0.07a	0.24 ± 0.08a
	80~100	0.10 ± 0.03a	0.10 ± 0.01a	0.16 ± 0.02a
碱解氮（mg/kg）	0~20	19 ± 1.24b	30 ± 1.2a	37 ± 0.89a
	20~40	15 ± 1.58c	26 ± 1.1b	37 ± 1.26a
	40~60	15 ± 1.36a	11 ± 0.99a	15 ± 1.33a
	60~80	19 ± 1.56a	15 ± 0.89a	11 ± 1.48a
	80~100	19 ± 1.44a	11 ± 1.32a	15 ± 2.01a
全钾（g/kg）	0~20	16.0 ± 1.33b	23.7 ± 1.26a	23.4 ± 1.56a
	20~40	15.6 ± 1.85c	19.4 ± 1.22b	23.6 ± 1.88a
	40~60	15.5 ± 1.65a	19.6 ± 1.54a	20.0 ± 1.95a
	60~80	13.6 ± 1.54a	16.0 ± 1.36a	15.9 ± 1.44a
	80~100	11.8 ± 0.66a	11.7 ± 1.29a	19.6 ± 1.30a
速效钾（mg/kg）	0~20	150 ± 13.55a	100 ± 10.66b	110 ± 13.26b
	20~40	80 ± 12.48a	90 ± 10.35a	100 ± 12.88a
	40~60	80 ± 12.69a	90 ± 12.75a	100 ± 13.64a
	60~80	30 ± 5.67b	80 ± 11.59a	90 ± 12.58a
	80~100	20 ± 5.44b	90 ± 11.63a	80 ± 12.36a
全磷（g/kg）	0~20	0.45 ± 0.02a	0.32 ± 0.01a	0.45 ± 0.06a
	20~40	0.34 ± 0.03a	0.30 ± 0.04a	0.32 ± 0.04a

（续）

养分指标	土层深度（cm）	裸沙地	油蒿群落	白刺群落
全磷（g/kg）	40~60	0.32±0.03a	0.22±0.06a	0.34±0.01a
	60~80	0.26±0.04a	0.25±0.12a	0.26±0.02a
	80~100	0.25±0.01a	0.18±0.08a	0.25±0.03a
有效磷（mg/kg）	0~20	2.1±0.12b	5.0±0.08a	6.0±0.16a
	20~40	1.4±0.11b	3.7±0.05a	4.9±0.11a
	40~60	1.3±0.08b	3.4±0.20a	3.3±0.15a
	60~80	0.9±0.05b	2.5±0.22a	2.8±0.52a
	80~100	0.8±0.04b	2.4±0.04a	3.4±0.27a
pH 值	0~20	9.2±0.06a	9.8±0.11a	9.2±0.15a
	20~40	9.0±0.11a	9.7±0.16a	9.1±0.31a
	40~60	9.1±0.12a	9.6±0.15a	9.1±0.11a
	60~80	9.1±0.19a	9.6±0.20a	9.1±0.24a
	80~100	9.0±0.15a	9.4±0.26a	9.1±0.26a

注：不同小写字母表示同一土层不同群落差异显著。

本研究选了 8 项土壤养分指标，分别计算出不同群落土壤养分综合评价值，见表 4–15，根据综合评价值，土壤养分综合评价顺序为白刺群落＞油蒿群落＞裸沙地。

表 4-15　土壤养分综合评价

样地	土层深度（cm）	隶属函数值									综合评价值
		μ（1）	μ（2）	μ（3）	μ（4）	μ（5）	μ（6）	μ（7）	μ（8）		
裸沙地	0~20	0.053	0.275	0.308	0.317	0.462	0.130	0.143	0.250	0.224	0.249±0.073b
	20~40	0.353	0.100	0.154	0.675	0.462	0.130	0.310	0.125	0.271	
	40~60	0.261	0.050	0.154	0.650	0.077	0.130	0.000	0.125	0.144	
	60~80	0.584	0.000	0.308	0.642	1.000	0.304	0.119	0.000	0.371	
	80~100	0.400	0.350	0.308	0.667	0.000	0.043	0.024	0.000	0.235	
油蒿群落	0~20	0.700	1.000	0.731	1.000	0.615	0.435	1.000	1.000	0.770	0.423±0.212a
	20~40	0.400	0.625	0.577	0.642	0.538	0.348	0.690	0.750	0.533	
	40~60	0.307	0.325	0.000	0.658	0.538	0.000	0.619	0.750	0.331	
	60~80	0.307	0.475	0.154	0.358	0.462	0.130	0.405	0.875	0.331	
	80~100	0.000	0.000	0.000	0.000	0.538	0.174	0.381	0.500	0.149	

（续）

样地	土层深度（cm）	隶属函数值								综合评价值	
		μ（1）	μ（2）	μ（3）	μ（4）	μ（5）	μ（6）	μ（7）	μ（8）		
白刺群落	0~20	1.000	0.750	1.000	0.975	0.692	1.000	0.808	0.250	0.906	0.566 ± 0.240a
	20~40	0.838	0.700	1.000	0.992	0.615	0.435	0.558	0.125	0.773	
	40~60	0.677	0.625	0.154	0.692	0.615	0.522	0.500	0.125	0.518	
	60~80	0.538	0.350	0.000	0.350	0.538	0.174	0.327	0.125	0.342	
	80~100	0.145	0.150	0.154	0.658	0.462	0.130	0.308	0.125	0.289	
权重	0.184	0.176	0.165	0.063	0.130	0.076	0.195	0.011			

注：表中μ（1）~μ（8）分别表示有机质、全氮、碱解氮、全钾、速效钾、全磷、有效磷及pH值的隶属函数值。

4.4 典型植物生理生态特征

4.4.1 水分生理

在全球气候变化大背景下，水资源紧缺成为干旱、半干旱地区植被恢复和造林成败的关键因素（王红瑞等，2017）。水分是影响干旱区植物生长最重要的环境因子，其参与细胞内各种代谢活动，与植物的生长和生理生态关系十分密切（孟江丽等，2013）。

研究不同种源比拉底白刺水分生理，发现3个不同种源比拉底白刺（*Nitraria billardieri*）和白刺幼苗叶片含水量均随着干旱胁迫的加剧而降低，方差分析表明，澳大利亚Port Lincoln和Murray Bridge地区的比拉底白刺差异不显著，与澳大利亚Hopetoun比拉底白刺和中国白刺相比有显著性差异，且Murray Bridge比拉底白刺叶片含水量最高，白刺叶片含水量最低（表4–16）；随土壤水分含量的降低，比拉底白刺和白刺的束缚水/自由水比值、叶片水分饱和亏缺均逐渐上升，同一胁迫条件下，Murray Bridge比拉底白刺束缚水/自由水比值和叶片水分饱和亏缺分别达到最高和最低（表4–17、表4–18）；离体叶片失水速率变化趋势基本保持一致，Murray Bridge比拉底白刺失水最慢，方差分析显示与其他白刺呈显著性差异（表4–19）。各种原地白刺叶片含水量与失水速率、水分饱和亏缺呈极显著负相关；水分饱和亏缺与束缚水/自由水比值、失水速率显著相关（表4–20）。根据抗旱隶属值，比拉底白刺和白刺的抗旱性由大到小的顺序：Murray Bridge比拉底白刺 > Port Lincoln比拉底白刺 > Hopetoun比拉底白刺 > 白刺（表4–21）。

表 4-16 干旱胁迫对 4 个不同种源白刺叶片含水量的影响

处理	比拉底白刺（*Nitraria billardieri*）			白刺（*Nitraria tangutorum*）
	Port Lincoln	Murray Bridge	Hopetoun	
CK	89.73a	91.47a	89.93b	83.33c
1	89.00a	90.37a	86.47b	80.80c
2	87.76a	88.63a	84.74b	79.07c

注：表中同一行不同字母表示差异显著。

表 4-17 干旱胁迫对 4 个不同种源白刺叶片束缚水 / 自由水的影响

处理	比拉底白刺（*Nitraria billardieri*）			白刺（*Nitraria tangutorum*）
	Port Lincoln	Murray Bridge	Hopetoun	
CK	4.54b	5.25a	4.31b	3.42c
1	5.0b	5.86a	4.70b	4.37c
2	5.57b	6.44a	5.5b	4.68c

注：表中同一行不同字母表示差异显著。

表 4-18 干旱胁迫对 4 个不同种源白刺离体叶片失水速率的影响

处理	比拉底白刺（*Nitraria billardieri*）			白刺（*Nitraria tangutorum*）
	Port Lincoln	Murray Bridge	Hopetoun	
CK	0.01736b	0.01476c	0.0174b	0.02715a
1	0.01579b	0.01406c	0.01649b	0.02533a
2	0.01268b	0.01015c	0.01244b	0.01836a

注：表中同一行不同字母表示差异显著。

表 4-19 干旱胁迫对 4 个不同种源白刺叶片水分饱和亏缺的影响

处理	比拉底白刺（*Nitraria billardieri*）			白刺（*Nitraria tangutorum*）
	Port Lincoln	Murray Bridge	Hopetoun	
CK	19b	17.6c	20.2b	25.1a
1	21.1b	18.2c	21.1b	26.4a
2	22.8b	20.2c	23.6b	28.8a

注：表中同一行不同字母表示差异显著。

表 4-20 干旱胁迫下 4 个不同种源白刺叶片各生理指标的相关系数

	叶片含水量	束缚水 / 自由水	失水速率	水分饱和亏缺
叶片含水量	1			
束缚水 / 自由水	0.53825	1		
失水速率	−0.86708**	−0.52771	1	
水分饱和亏缺	−0.82695**	−0.63495*	0.9498**	1

注：** 表示 α=0.01 水平下差异极显著，* 表示 α=0.05 水平下差异显著。

表 4-21 干旱胁迫下不同种源地白刺各生理指标的隶属函数值

	比拉底白刺（*Nitraria billardieri*）			白刺（*Nitraria tangutorum*）
	Port Lincoln	Murray Bridge	Hopetoun	
含水量	0.6	0.58	0.56	0.52
束缚水 / 自由水	0.49	0.56	0.52	0.51
水分亏缺	0.53	0.51	0.49	0.47
失水速率	0.52	0.57	0.5	0.49
平均值	0.535	0.555	0.5175	0.4975
排序	2	1	3	4

4.4.2 光合生理

乌兰布和沙漠区域，灌丛日照充足，研究霸王与白刺秋季光合日变化特征，发现霸王与白刺的净光合速率、蒸腾速率、水分利用效率日变化（图 4–6 至图 4–8）均呈双峰型（黄雅茹等，2016）；霸王与白刺的净光合速率日变化峰值均出现在 10: 00 与 16: 00，有明显的光合“午休”现象，且主要是由气孔因素引起的。白刺净光合速率日均值 4.91 ± 0.74μmol/（m^2 · s）大于霸王 3.24 ± 0.76μmol/（m^2 · s）（图 4–6）；2 种植物蒸腾速率日变化峰值同样出现在 10: 00 与 16: 00，白刺蒸腾速率日均值 4.15 ± 0.31mmol/（m^2 · s）大于霸王 2.44 ± 0.33mmol/（m^2 · s）（图 4–7）。

霸王与白刺净光合速率（*Pn*）日变化过程均表现为双峰形（图 4–6），且最大值均出现在上午 10: 00，分别为 7.14 ± 0.85 μ mol/（m^2 · s）和 11.10 ± 0.65 μ mol/（m^2 · s），白刺大于霸王；第二峰值出现在午后 16: 00，峰值相对较小，分别为 4.97 ± 0.95 μ mol/（m^2 · s）和 7.94 ± 0.56 μ mol/（m^2 · s），白刺的净光合速率也大于霸王；全天日平均净光合速率为白刺大于霸王，其值分别为 4.91 ± 0.74 μ mol/（m^2 · s）和 3.24 ± 0.76 μ mol/（m^2 · s）。相同环境条件下白刺与霸王植物叶片光合

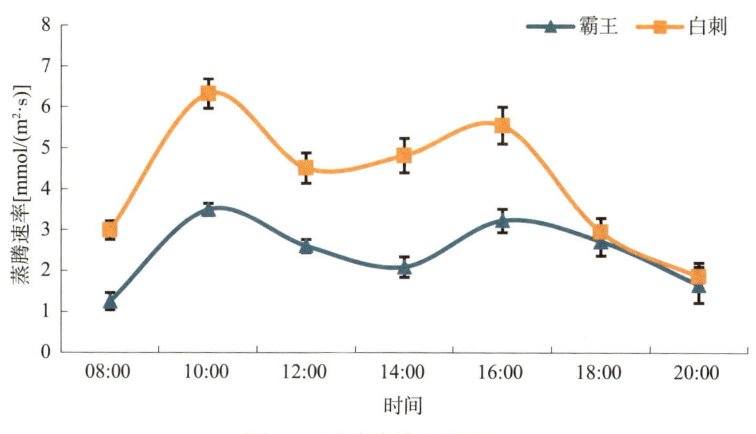

图 4-6 净光合速率日动态

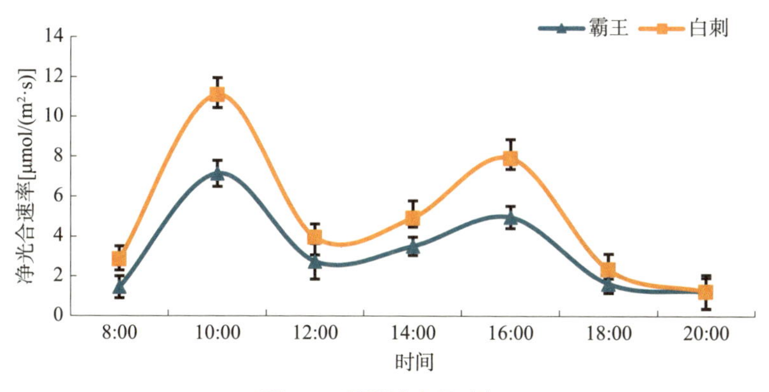

图 4-7 蒸腾速率日动态

日变化曲线表现出一定的相似性。

霸王与白刺蒸腾速率日变化特征与净光合速率变化特征相似（图 4–7）。两种植物蒸腾速率峰值出现在 10: 00 与 16: 00，霸王与白刺的最大蒸腾速率分别为 3.50 ± 0.36mmol/（m^2 · s）与 6.33 ± 0.15mmol/（m^2 · s），日平均蒸腾速率分别为 2.44 ± 0.33mmol/（m^2 · s）与 4.15 ± 0.31mmol/（m^2 · s），蒸腾速率无论是最大值还是全天日平均值白刺均大于霸王。

霸王与白刺水分利用效率日变化曲线呈双峰形（图 4–8）。相同环境条件下霸王的水分利用效率高于白刺，日平均水分利用效率是白刺的 1.18 倍；两种植物的水分利用效率最大值出现在上午，这与一般植物的特征相同，且霸王的最大水分利用效率大于白刺。

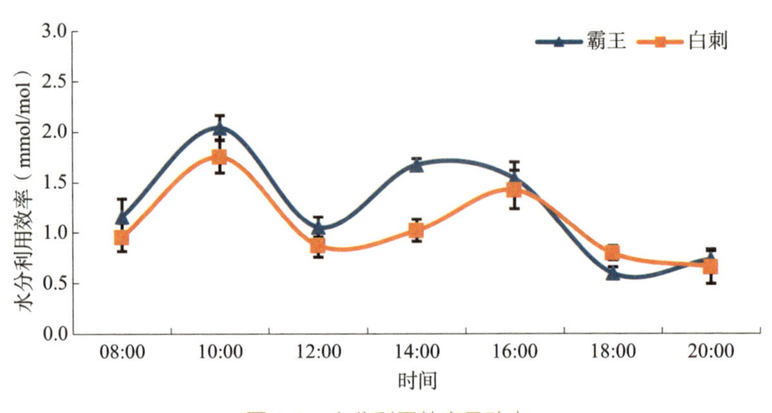

图 4-8　水分利用效率日动态

霸王与白刺气孔导度的日变化曲线如图 4–9 所示，两种植物气孔导度日变化均是早晨较高，之后随着温度升高和空气相对湿度降低，气孔逐渐关闭，到中午达到最低。两种植物无论是最低值还是日均值都是白刺高于霸王，其中白刺日均值为 0.12±0.01mol/（m^2·s），霸王日均值为 0.10±0.02mol/（m^2·s）。霸王与白刺的气孔限制值日变化趋势与气孔导度的日变化相反（图 4–10），早晨最低，随着温度升高与空气相对湿度降低，气孔限制值增大。霸王的气孔限制值日均值大于白刺。霸王与白刺的胞间 CO_2 浓度日变化曲线是单峰形（图 4–11），早晨与晚上高，中间最低。胞间 CO_2 浓度日均值分别为 282.77±15.88μmol/mol 与 319.04±15.67μmol/mol，白刺大于霸王。

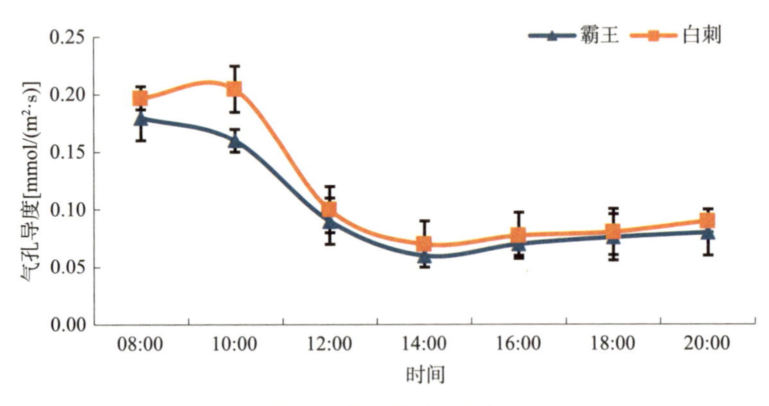

图 4-9　气孔导度日动态

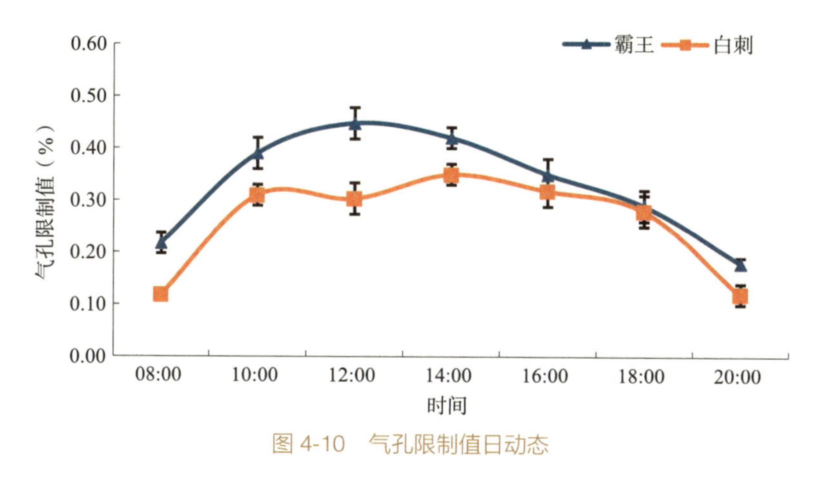

图 4-10　气孔限制值日动态

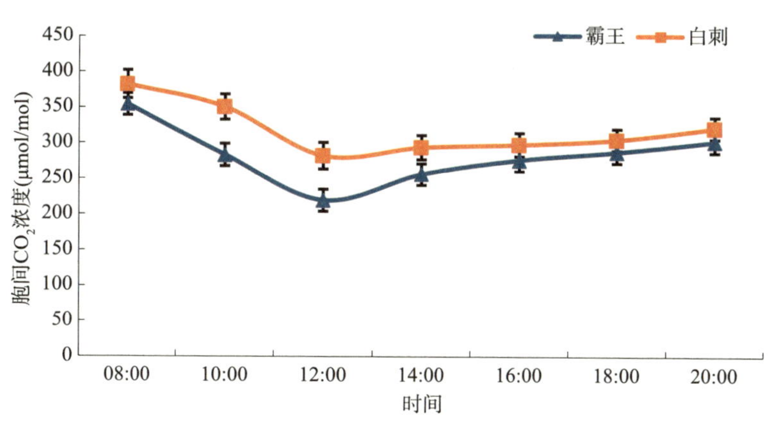

图 4-11　胞间 CO_2 浓度日动态

4.4.3　沙埋对白刺生长及生理的影响

在干旱区沙漠生态环境系统中，植物种子、幼苗及成年植株的生长过程中都会遇到不同程度沙埋情况（王林龙等，2016）。沙埋会降低植物的光合面积、导致生产力下降，从而抑制植株正常生长。此外，不同沙埋深度的土壤水分和养分也有所差异，会对植物的生长及生产力大小等产生不同程度的影响（李强等，2014；张仁懿等，2015），沙埋严重时可能会导致植物死亡（刘海江等，2005），因此沙埋是沙漠环境中影响植物生存和生长及植物分布和建群的重要因素。长期在沙生环境中生存的植物已经对该环境产生了一定的生态适应性，适度和短期的沙埋可以增加植物稳定性，防止其在风沙作用下摇摆（贾晓红等，2011），同时还可以促进植物垂直生长、增加叶片数量和分枝数、生物量分配

（Disraeli，1984；Dech，2006），而过深的沙埋会使植物造成氧气缺乏，无法进行光合作用或因土壤机械阻力过大从而抑制幼苗生长导致死亡（Zhao，2007；曲浩等，2015）。

在乌兰布和沙漠对扦插白刺进行不同深度沙埋处理（0、5、10、15cm）的相关研究表明，随着沙埋深度的增加，白刺的株高、基径、枝与叶生物量、总生物量均呈减小的趋势（表 4–22、表 4–23），而净光合速率、蒸腾速率和气孔导度的日均值呈依次增加的趋势。白刺形态、生物量分配以及叶绿素含量对不同沙埋深度的可塑性较强，当沙埋深度为 15cm 时，叶绿素含量显著增大，沙埋对光合指标的影响差异显著。

表 4-22　不同沙埋深度对白刺生物量分配的影响

沙埋深度（cm）	枝生物量（g）	叶生物量（g）	根生物量（g）	总生物量（g）	地上生物量 / 地下生物量
0	6.29 ± 0.26a	3.93 ± 0.31a	0.59 ± 0.10b	10.81 ± 0.54a	17.32 ± 1.91a
5	4.20 ± 0.20b	2.52 ± 0.20b	0.81 ± 0.04a	7.53 ± 0.26b	8.30 ± 0.43c
10	3.09 ± 0.36c	3.31 ± 0.19a	0.59 ± 0.01b	7.41 ± 0.08b	10.85 ± 0.18bc
15	2.75 ± 0.11c	1.28 ± 0.08c	0.28 ± 0.02c	4.30 ± 0.17c	14.39 ± 0.95b

注：同列不同字母表示处理间差异显著（$P < 0.05$）。

表 4-23　不同沙埋深度对白刺形态特征的影响

形态指标	沙埋深度（cm）			
	0（对照）	5	10	15
株高（cm）	62.82 ± 1.62a	55.90 ± 1.55b	52.38 ± 0.99b	49.24 ± 3.91b
15cm 基径（mm）	2.79 ± 0.17a	2.84 ± 0.15ab	2.39 ± 0.33ab	2.07 ± 0.08b
叶面积（cm^2）	477.81 ± 4.21a	214.38 ± 7.91b	247.90 ± 17.83b	112.91 ± 18.59c
叶片（片）	700.20 ± 24.04a	334.40 ± 7.95b	344.00 ± 9.88b	216.91 ± 19.40c
不定根（根）	6.40 ± 0.40a	3.80 ± 0.20b	2.80 ± 0.58b	3.40 ± 0.24b
不定根长（cm）	10.19 ± 0.90b	11.54 ± 0.98ab	13.92 ± 0.92a	7.62 ± 0.53c
不定根直径（mm）	1.51 ± 0.14ab	1.95 ± 0.16a	1.65 ± 0.19a	1.19 ± 0.05b

注：同行不同字母表示处理间差异显著（$P < 0.05$）。

4.4.4　氮添加对白刺生长及生理的影响

氮（Nitrogen，N）既是植物进行光合反应的关键性矿质营养元素，又是植物利用太阳能实现初级生产的基础（黄彩霞等，2015）。氮是植物组织重要的组成成分，也是植物生理代谢中关键酶的主要成分，其含量值大小直接影响植物个体的生长发育过程及植被生态系统的演替和繁衍方向（Perchlik，2018）。适量的氮添加能够有效提高植物生产力，改变植物自身的同时还可改变生态系统的结构和功能，产生较大的生态效应（王晋萍等，2012）。

对白刺幼苗设置4个氮添加水平（0、6、36、60 mmol/L）进行研究表明（段娜等，2019），一定浓度范围内的氮素有利于白刺生长，施用氮素后白刺的株高、基径、比叶面积、新枝数及生物量等指标均有所增加，但随施氮浓度的增加，部分指标呈现出先增加后降低的趋势（表4–24）。白刺根茎叶分配比例随施氮浓度变化有所调整，其叶片分配比例和茎分配比例随施氮浓度的增加而增加，根系分配比例和根冠比随施氮浓度的增加而降低，60 mmol/L的氮添加对根系分配比例和根冠比的抑制作用最严重（表4–25）。

表 4-24　施氮对白刺生长的影响

处理（mmol/L）	比叶面积（cm^2/g）	单株叶片干重（g）	株高（cm）	基径（mm）
0	130.84 ± 12.03c	0.77 ± 0.07b	29.30 ± 1.90c	3.75 ± 0.58b
6	152.26 ± 18.73b	0.95 ± 0.10ab	27.30 ± 2.62c	3.93 ± 0.67ab
36	196.17 ± 12.07a	1.14 ± 0.17a	38.87 ± 1.07a	4.68 ± 0.32a
60	123.99 ± 11.19c	1.00 ± 0.01ab	33.73 ± 2.62b	3.99 ± 0.24ab

注：同列不同字母表示处理间差异显著（$P < 0.05$）。

表 4-25　施氮对白刺生物量分配的影响

浓度（mmol/L）	叶分配比例	茎分配比例	根分配比例	根冠比
0	0.12 ± 0.00b	0.33 ± 0.01b	0.55 ± 0.01a	1.21 ± 0.07a
6	0.14 ± 0.02b	0.44 ± 0.06a	0.42 ± 0.08b	0.87 ± 0.21b
36	0.14 ± 0.03b	0.41 ± 0.01a	0.45 ± 0.03b	0.82 ± 0.10b
60	0.18 ± 0.02a	0.44 ± 0.03a	0.38 ± 0.02b	0.60 ± 0.05b

注：同列不同字母表示处理间差异显著（$P < 0.05$）。

在干旱胁迫状况下（表4–26、4–27），氮添加会促进各径级白刺根系伸长生长，有效提高白刺根系总根长、表面积、体积及根尖数，且当氮素浓度达到36mmol/L时，白刺细根和小根增长到最大值。此外，氮添加还能有效促进白刺内源激素生长素（IAA）、脱落酸（ABA）、赤霉素（GA3）的合成，方差分析表明，氮素对 ABA 和 GA3 的促进效果较显著（$P < 0.05$）（陈晓娜等，2020；陈晓娜等，2019）。

表 4-26　水分胁迫下氮添加对白刺根系形态的影响

氮浓度（mmol/L）	表面积（cm^2）	体积（cm^3）	根尖数（个）
0	108.94 ± 6.47c	1.64 ± 0.20c	1961.33 ± 104.08b
6	139.33 ± 8.53b	2.20 ± 0.17b	2180.67 ± 100.08ab
36	155.74 ± 5.07a	2.47 ± 0.27ab	2370.00 ± 289.94a
60	141.52 ± 9.07b	2.67 ± 0.12a	2020.67 ± 33.08b
均值	136.38	2.25	2133.17
F 值	20.89**	15.36**	3.79
变异系数（%）	13.87	19.56	10.13

注：同列不同字母表示处理间差异显著（$P < 0.05$），*F* 值右上角的 ** 表示 *F* 值达到 0.01 水平显著，即 *F* 值达到极显著。

表 4-27　水分胁迫下氮添加对白刺内源激素的影响

氮浓度（mmol/L）	IAA 含量（ng/g）	ABA 含量（ng/g）	GA3 含量根尖数（ng/g）
0	31.94 ± 3.73	1075.84 ± 7.87	28.87 ± 0.85
6	35.38 ± 4.44	1639.45 ± 35.81	27.52 ± 0.53
36	36.71 ± 5.78	1114.20 ± 11.96	32.70 ± 0.87
60	32.19 ± 3.70	950.92 ± 9.06	39.06 ± 0.87
均值	34.06	1195.10	32.04
F 值	0.83	708.01**	127.51**
变异系数（%）	12.89	23.08	14.76

注：同列不同字母表示处理间差异显著（$P < 0.05$），*F* 值右上角的 ** 表示 *F* 值达到 0.01 水平显著，即 *F* 值达到极显著。

4.4.5　表型及生长对水分的响应

水分是干旱半干旱区直接影响植物表型及生长发育的重要制约因子。在自然界和人为调控的生态系统中，水分变化对植物表型可塑性的影响是目前生理生态学及相关学科的重要研究内容，在变动的水分条件下，直接影响植物根、茎、叶的形态、生理及其种群更新繁殖、群落结构等（张刚等，2019）。

在乌兰布和沙漠对白刺种子进行盆栽试验研究表明（表 4–28、4–29），不同土壤水分含量对白刺幼苗表型及生长有不同影响，在土壤含水量为 70% 时，白刺的株高、基径等生长指标和叶绿素含量均达到最大值；随着土壤含水量降低，白刺株高、叶片数、结节长、叶厚、根干重、茎干重、叶干重及总生物量均呈现先增加后降低的趋势，并且土壤水分含量在 80% 和 70% 的条件下，白刺株高显著高于其他土壤水分条件（$P < 0.05$）；当土壤水分含量达到 70% 时，白刺各器官的生物量积累均达到最大值，即从生物量积累的角度分析认为，70% 的土壤含水率最适宜白刺的生长发育（徐军等，2017）。

降水是干旱半干旱区荒漠生态系统的结构和功能最主要的影响因子，降水格局变化将对该区产生重要的影响。通过人工模拟控制降水格局变化，明确干旱沙区典型植物生理生态及表型对降水格局变化的适应机制，可预测荒漠典型植物对降水变化的响应。

表 4-28　不同土壤水分条件下白刺幼苗的形态特征

土壤水分变化（%）	株高（cm）	基茎（mm）	叶片数（个）	结节长（mm）	叶片长（mm）	叶片宽（mm）	叶片长宽比	叶厚（mm）
100	29.56+1.51b	2.85+0.11b	1813+36b	15.36+1.47b	18.41+0.75a	4.46+0.29a	4.13+0.18b	0.34+0.018b
80	36.40+1.57a	3.80+0.25a	1848+38b	15.79+1.96b	17.47+0.33b	4.15+0.18b	4.21+0.57b	0.40+0.023a
70	36.79+1.63a	3.61+0.23a	25.5+43a	16.48+2.05a	18.57+0.68a	4.23+0.14b	4.39+0.19a	0.42+0.037a
50	28.11+1.47b	3.88+0.25a	1796+24b	13.91+0.91c	18.97+0.77a	4.40+0.29a	4.31+0.23a	0.41+0.033a
20	23.70+0.92c	3.02+0.12b	1599+19c	14.35+0.93c	18.28+0.65b	4.71+0.32a	3.88+0.26c	0.37+0.042a

注：小写字母表示在 $P < 0.05$ 下的差异显著性。

表 4-29　不同的土壤水分条件下白刺幼苗叶绿素含量的变化

土壤水分变化（%）	叶绿素 a（mg/g）	叶绿素 b（mg/g）	叶绿素总量（mg/g）	叶绿素 a/叶绿素 b
100	0.993c	0.537b	1.390c	1.849b
80	0.892a	0.847a	3.739a	3.414b
70	2.974a	0.759a	3.733a	3.918a
50	2.357b	0.831a	3.188b	2.836b
20	1.216c	0.642b	1.858c	1.895b

注：小写字母表示在 $P < 0.05$ 下的差异显著性。

4.5 典型植物繁殖策略

（1）植物繁殖生殖

对于植物繁育系统最早可追溯到 Darwin 利用人工杂交方法揭示了自交和异交的效果及不同花型的适应和影响，由此可见植物繁育系统研究的一对中心问题是自交和异交（刘芳等，2008）。植物的繁育系统是与植物的繁殖紧密联系在一起的，是植物繁殖的核心内容之一，是种群有性生殖的纽带，在决定植物的进化路线和表征变异上起着重要作用。植物在进行有性繁殖的过程中，需要在不同的组织水平上不断地进行生殖器官和相应的营养器官间的资源分配。其中生殖分配（Reproductive Allocation，RA）指植物在生长发育过程中，同化产物向其生殖器官分配的比例，即分配到生殖器官中的有机物重量占整个同化产物的百分比，它控制着植物终生的生殖与生长的平衡，反映了生殖器官与非生殖器官的生物量的比例（张景波等，2009；成铁龙等，2015）。生殖分配是植物繁殖特性的一个重要指标。

传粉是种子植物受精的必然阶段。花粉的运动在很大程度上限定了植物个体间的基因流和群体的交配方式，从而影响后代的遗传组成和适合度（李炜等，2009）；自花传粉是被子植物进化的一种普遍趋势，是植物在恶劣的环境中（传粉者缺乏或不可预测）保证繁殖成功的一种适应机制。沙生植物由于面临恶劣的环境条件，其繁育系统一般具有多样性，且以混合交配方式为多；权衡近交和远交利弊的途径是混合的交配系统，许多学者的研究表明，混合交配系统是对植物本身和环境条件适应的一种折中的机制，可维持植物进化稳定。基于此，研究人员对乌兰布和沙漠地区的 4 种典型白刺属植物，通过野外实地观察分析及相关试验，探究白刺属植物的繁育系统及传粉生殖特性。

表 4–30 和表 4–31 的花粉—胚珠比（P/O）值和杂交指数（IOC）表明 4 种白刺属植物的繁育类型为自交与异交综合特征并存的混合交配系统（赵杏花等，2014）。白刺授粉过程可分为两个阶段：第一阶段为白刺花粉输出期，第二阶段为柱头收集花粉期。存在风媒传粉的可能性，不能进行无融合生殖。

（2）种子库与种子传播

种子传播又称种子扩散，是指种子成熟后至萌发前这一时段内的所有过程，是植物生活史的重要阶段，决定着植物遗传特性和适应对策。种子风力传播包括种子脱落、种子从母株脱落到第一次降落到地表的初始传播和种子降落至萌发前

表 4-30 白刺属植物的花粉—胚珠比

植物	每花花粉数量	每花胚珠数目	花粉—胚珠比	繁育系统类型
白刺（*Nitraria tangutorum*）	956 ± 98	2	480.0	兼性异交
西伯利亚白刺（*Nitraria sibirica*）	1852 ± 186	2	950.0	兼性异交
大白刺（*Nitraria roborowskii*）	2572 ± 146	2	1300.0	兼性异交
泡泡刺（*Nitraria sphaerocarpa*）	880 ± 120	2	450.0	兼性异交

表 4-31 白刺杂交指数观测结果

植物	花朵直径（mm）	花药散粉与柱头可授期时间间隔	柱头与花药空间间隔	IOC 值	繁育系统类型
白刺（*Nitraria tangutorum*）	2~6	同时	空间分离	3	自交亲和，有时需要传粉者
西伯利亚白刺（*Nitraria sibirica*）	＞ 6	同时	空间分离	4	异交，部分自交亲和，需要传粉者
大白刺（*Nitraria roborowskii*）	2~6	同时	空间分离	3	自交亲和，有时需要传粉者
泡泡刺（*Nitraria sphaerocarpa*）	＞ 6	同时	空间分离	4	异交，部分自交亲和，需要传粉者

的二次风力传播等过程。目前种子风力传播面临的最大挑战是传播体属性、风信状况、下垫面属性和地形要素。

种子形态是重要的植物生活史特性之一，主要包括种子重量、形状、附属物和表面结构等性状。它与种子散布、休眠、萌发、出土、幼苗生长和种子库持久性等密切相关。种子形态不仅制约着物种的分布和丰富度，而且影响植物群落演替过程，同时对于种子传播也起着十分重要的作用。

土壤种子库是指埋藏于凋落物和土壤中全部有活力种子的总和，是植物种群生活史结实的一个重要阶段，经过脱落后形成，种子落入土壤后萌发幼苗的能力直接影响地表植被的更新与演替，同时土壤种子库存储量可以预测植物群落的恢复与重建能力。土壤种子库对过去、现在和将来的地表植物种群演替变化有连接和预示的作用。影响土壤种子库变化的因素包括水分、风沙、种子形态和土壤条件等因素，但在荒漠地区影响土壤种子库的关键因子是水分和风沙。

因此，以乌兰布和沙漠东北缘黄河分洪区在 3 种生境类型（固定、半固定和流动沙丘）下形成的土壤种子库为研究对象，本项目对不同区段的土壤种子库的数量、组成和月份动态变化特征做出深入研究并探讨了土壤种子库与地表植被间的关系，结果如下。

不同月份消落带水淹区段和未淹区段土壤种子库密度变化趋势不同（图 4-12）。各个月份水淹区段土壤种子库密度均小于未淹区段，且两个区段间差异性显著（$P < 0.05$）。4、7、10 月消落带水淹区段土壤种子库密度都表现出逐渐下降的趋势，可见水淹时间越长越不适宜土壤种子库的留存。水淹区段各个月份土壤种子库密度差异不显著（$P > 0.05$），而未淹区段和对照区段不同月份土壤种子库密度比较可知，4 月最大，且均显著高于 7 月（$P < 0.01$），但与 10 月

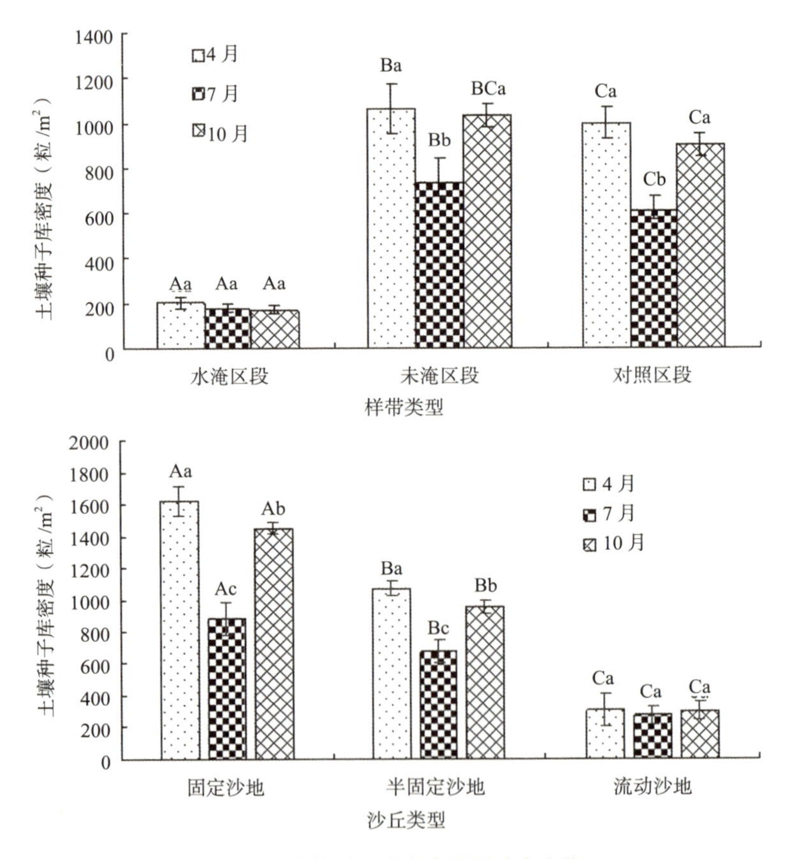

图 4-12　土壤种子库密度月份动态变化

注：不同大写字母表示同一月份不同类型之间的显著性差异（$P < 0.05$）；不同小写字母表示同一类型不同月份之间的显著性差异（$P < 0.05$）。

差异不显著（$P > 0.05$）。未淹区段土壤种子库密度 4 月（1063 粒 /m^2）> 10 月（1036 粒 /m^2）> 7 月（733 粒 /m^2），与对照样带具有相同的变化，而水淹区段则为 4 月（201 粒 /m^2）> 7 月（176 粒 /m^2）> 10 月（170 粒 /m^2）。

不同月份不同沙丘类型土壤种子库密度如图 4–12 所示，3 种沙地类型土壤种子库密度均表现为 4 月 > 10 月 > 7 月。在固定沙地和半固定沙地的各个月份土壤种子库密度均呈显著性差异（$P < 0.05$），表明种子库的季节动态明显。而在流动沙地上各个月份土壤种子库密度差异不显著（$P > 0.05$）。同时，随着荒漠化程度的加重，土壤中有活力种子的数量则呈明显下降的趋势。在流动沙地上随着生态环境恶化，地上植被稀少且结实量小，各个月份土壤种子库密度固定沙地均最大，各月平均值从 1002 粒 /m^2 分别降为半固定沙地的 903 粒 /m^2 和流动沙地的 609 粒 /m^2。虽然 3 个月份土壤种子库的平均密度固定沙地大于半固定沙地，但两者间差异不显著（$P > 0.05$），而二者显著大于流动沙地土壤种子库密度（$P < 0.01$）。

由表 4–32 可知，消落带水淹区段 4 月土壤种子库共出现了 13 种物种，隶属于 4 科 13 属，其中禾本科植物物种最多，为 6 种，占总数的 46.15%，其次为藜科 4 种、菊科 2 种、苋科（Amaranthaceae）1 种。7 月土壤种子库共出现了 10 种物种，隶属于 4 科 10 属，其中藜科植物物种最多，为 4 种，占总数的 40.00%，其次为禾本科 3 种、菊科 2 种、苋科 1 种。10 月土壤种子库共出现了 13 种物种，隶属于 4 科 13 属，其中藜科和禾本科植物物种最多，均为 5 种，均占总数的 38.46%，其次为菊科 2 种、苋科 1 种。10 月土壤种子库中有 2 种不同于其他月份的物种，分别是五星蒿（*Bassia dasyphylla*）和灰绿藜（*Chenopodium glaucum*），但各月份优势种均为赖草（*Leymus secalinus*）、蓼子朴（*Inula salsoloides*）和芦苇（*Phragmites australis*）。

消落带未淹区段 4 月土壤种子库共出现了 22 种物种，隶属于 8 科 22 属，其中藜科和禾本科植物物种最多，均为 8 种，分别占总数的 36.36%，其次菊科为 3 种，其他科均为 1 种。优势物种为赖草、蓼子朴、甘蒙柽柳（*Tamarix austromongolica*）、盐生草（*Halogeton glomeratus*）和狗尾草（*Setaria viridis*）。7 月土壤种子库共出现了 14 种物种，隶属于 5 科 14 属，其中藜科植物物种最多，为 6 种，占总数的 42.86%，其次为禾本科 4 种、菊科 2 种、苋科 1 种、柽柳科 1 种。优势物种为赖草、蓼子朴、五星蒿、甘蒙柽柳和沙米。10 月土壤种子库共出现了 23 种物种，隶属于 8 科 23 属，其中藜科植物物种最多，为 8 种，占总数的 34.78%，其次为禾本科 7 种、菊科 3 种，其他科均为 1 种。优势物种为赖草、甘蒙柽柳、盐生草、五星蒿和蓼子朴。10 月土壤种子库中有 1 种不同于其他月份的物种是梭梭，但各月份均有的优势种为赖草、蓼子朴和甘蒙柽柳。

原生植被对照区段 4 月土壤种子库共出现了 20 种物种，隶属于 7 科 20 属，其中藜科和禾本科植物物种最多，均为 7 种，分别占总数的 35.00%，其次为菊科 2 种，其他科均为 1 种。优势物种为赖草、芦苇、蓼子朴、沙米和五星蒿。7 月土壤种子库共出现了 15 种物种，隶属于 5 科 15 属，其中藜科植物物种最多，为 7 种，占总数的 46.67%，其次为禾本科 4 种、菊科 2 种、柽柳科 1 种、豆科 1 种。优势物种为赖草、蓼子朴、沙米、猪毛菜（*Salsola collina*）和五星蒿。10 月土壤种子库共出现了 20 种物种，隶属于 7 科 20 属，其中藜科和禾本科植物物种最多，均为 7 种，分别占总数的 35.00%，其次菊科为 2 种，其他科均为 1 种。优势物种为蓼子朴、赖草、甘蒙柽柳、猪毛菜和沙米。各月土壤种子库中共有的物种数为 15 种，且各月份均有的优势种为赖草、蓼子朴和沙米。

表 4-32 不同月份土壤种子库的物种组成及种子库密度

生活型	种	科	属	水淹区段			未淹区段			对照样带		
				4月	7月	10月	4月	7月	10月	4月	7月	10月
	猪毛菜（*Salsola collina*）	藜科	猪毛菜属	3	2	3	50	48	55	55	49	91
	沙米（*Agriophyllum squarrosum*）	藜科	沙蓬属	5	3	2	57	52	80	86	62	81
一年生草本	虫实（*Corispermum yssopifolium*）	藜科	虫实属	—	—	—	49	23	21	19	34	37
	五星蒿（*Bassia dasyphylla*）	藜科	雾冰藜属	—	—	5	55	66	90	85	48	58
	盐生草（*Halogeton glomeratus*）	藜科	盐生草属	3	4	11	84	38	99	13	5	1
	中亚冰藜（*Atriplex centralasiatica*）	藜科	滨藜属	1	7	—	49	41	48	1	1	2
	灰绿藜（*Chenopodium glaucum*）	藜科	藜属	—	—	3	5	—	9	—	—	—
一年生草本	狗尾草（*Setaria viridis*）	禾本科	狗尾草属	3	5	—	69	36	34	49	23	8
	三芒草（*Aristida adscensionis*）	禾本科	三芒草属	5	—	8	14	—	24	15	—	30

（续）

生活型	种	科	属	水淹区段			未淹区段			对照样带		
				4月	7月	10月	4月	7月	10月	4月	7月	10月
多年生草本	虎尾草（*Chloris virgata*）	禾本科	虎尾草属	12	—	10	2	—	9	6	—	3
	画眉草（*Eragrostis pilosa* var. *pilosa*）	禾本科	画眉草属	8	—	3	5	—	11	2	—	9
	苦荬菜（Ixeris polycephala）	菊科	苦荬菜属	2	9	1	41	26	30	—	—	—
	反枝苋（*Amaranthus retroflexus*）	苋科	苋属	4	4	8	62	30	27	—	—	—
	赖草（*Leymus secalinus*）	禾本科	赖草属	73	67	55	155	124	175	222	142	135
	芦苇（*Phragmites australis*）	禾本科	芦苇属	3	26	25	54	46	52	135	46	63
	沙竹（*Psammochloa villosa*）	禾本科	沙鞭属	—	—	—	55	44	36	40	47	71
	蓼子朴（*Inula salsoloides*）	菊科	旋覆花属	52	50	36	153	104	81	107	97	138
灌木	油蒿（*Artemisia ordosica*）	菊科	蒿属	—	—	—	3	—	15	12	12	22
	甘蒙柽柳（*Tamarix austromongolica*）	柽柳科	柽柳属	—	—	—	88	57	109	78	42	103
	梭梭（*Haloxylon ammodendron*）	藜科	梭梭属	—	—	—	—	—	2	15	2	1
	猫头刺（*Oxytropis aciphylla*）	豆科	棘豆属	—	—	—	3	—	8	11	1	16
灌木	蒙古沙拐枣（*Calligonum mongolicm*）	蓼科	沙拐枣属	—	—	—	2	—	12	20	—	11
	白刺（*Nitraria tangutorum*）	蒺藜科	白刺属	—	—	—	8	—	9	31	—	23

注：“—”表示无。

由上述分析可知消落带水淹、未淹区段和对照区段土壤种子库共有优势种均有赖草和蓼子朴，表明其生态位较宽，对环境变化具有较强的适应性。而单独在某个区段或者某个月份作为优势种出现，说明其种子储量存在季节性的变化，表明这些物种容易在特定时期萌发，或者是水淹降低了这些物种的种子库储量。

表 4–33 通过对土壤种子库物种生活型的归类统计，划分为 1 年生草本、多

年生草本、灌木3个类别。各个月份水淹区段、未淹区段和对照区段的各生活型特征见表4–33。4、7、10月3个区段土壤种子库均主要以1年生草本为主，且1年生草本种子比例高于多年生草本，而消落带内相对缺乏灌木种子，且水淹区段无灌木种子出现。同时未淹区段4月和10月灌木种子比例较7月明显增多。另外，不同月份土壤种子生活型比例组成3个区段均表现出不同的变化趋势。水淹区段和对照区段的1年生草本在4月和10月较高，7月相对较低，多年生草本变化趋势与其变化趋势刚好相反。未淹区段1年生和多年生草本在4月和10月较低，7月相对较高，灌木变化趋势与其变化趋势刚好相反，且与对照区段相同。

表4-33　不同月份土壤种子库生活型分布比例

单位：%

生活型	水淹区段			未淹区段			对照样带		
	4月	7月	10月	4月	7月	10月	4月	7月	10月
一年生草本	76.92	70.00	76.92	59.09	64.29	56.52	50.00	46.67	50.00
多年生草本	23.08	30.00	23.08	18.18	28.57	17.39	20.00	26.67	20.00
灌木	0.00	0.00	0.00	22.73	7.14	26.09	30.00	26.67	30.00

（3）白刺、油蒿人工繁殖技术

乌兰布和沙漠典型灌丛主要有白刺、油蒿等，其中灌丛幼苗的抚育管理研究表明，油蒿种子为小粒种子，覆土厚度对种子出苗影响很大，合理的覆土厚度为0.5~1.0 cm；营养土配比采用黏土、沙子、有机肥按4.5∶4.5∶1配制有利于培育壮苗（表4–34）。

表4-34　油蒿种子出苗率调查

处理方式	播种总数（粒）	出苗数（粒）	出苗率（%）	开始出苗		最大出苗	
				时间（天）	数目（粒）	时间（天）	数目（粒）
6∶3∶1型，覆土0.5cm	100	59	59	2	5	7	15
6∶3∶1型，覆土0.9cm	100	50	50	2	1	10	12
6∶3∶1型，覆土1.3cm	100	36	36	4	4	13	8

（续）

处理方式	播种总数（粒）	出苗数（粒）	出苗率（%）	开始出苗		最大出苗	
				时间（天）	数目（粒）	时间（天）	数目（粒）
3∶6∶1 型，覆土 0.5cm	100	55	55	2	2	10	19
3∶6∶1 型，覆土 0.9cm	100	46	46	4	3	9	10
3∶6∶1 型，覆土 1.3cm	100	29	29	5	3	12	7
4.5∶4.5∶1 型，覆土 0.5cm	100	58	58	2	5	8	17
4.5∶4.5∶1 型，覆土 0.5cm	100	53	53	3	3	10	1
4.5∶4.5∶1 型，覆土 0.5cm	100	33	33	4	2	13	9

同样研究唐古特白刺硬枝扦插繁殖技术，结果表明不同浓度的 5 种激素均能提高扦插苗的成活率（表 4–35）。综合分析，激素对白刺硬枝扦插均产生促进作用。而覆土压苗对油蒿种子出苗影响较大，并且合理的营养比适育壮苗。

表 4-35 不同激素和浓度的嫩枝扦插成活率

单位：%

浓度	ABT	NAA	GA	IAA	IBA
B1（100mg/L）	39.25 ± 20.42	38.00 ± 20.46	54.00 ± 4.90	46.75 ± 22.65	43.25 ± 13.10
B2（250mg/L）	56.75 ± 15.69	40.75 ± 6.60	50.00 ± 7.12	48.75 ± 2.50	40.75 ± 9.00
B3（500mg/L）	48.75 ± 7.37	45.25 ± 9.85	52.00 ± 4.32	28.00 ± 8.64	33.25 ± 13.89
B4（750mg/L）	50.00 ± 14.97	54.00 ± 5.66	51.25 ± 6.60	42.75 ± 26.20	48.00 ± 1.63
CK			36.75 ± 17.15		

第 5 章 防风固沙区

5.1 概述

防风固沙区，通过选用优良抗逆植物，营造防风阻沙林，形成磴口模式的第二道防线。选用梭梭、花棒、柽柳、柠条等优良抗逆植物，采取先固沙后造林、片带结合、多带配置等方法灵活构建防风阻沙林，营造不同树种、不同规格的林带、片林。磴口县天然分布和人工种植了大面积梭梭，对于该区域降低风速和固沙阻沙起到十分重要的作用。

防风固沙林通过降低风速、防止或减缓风蚀、固定沙地，以及保护耕地免受风沙侵袭。一般使用适宜在荒漠条件下生长的植物。这些植物可以有效调节地面的温度变化，进而改善区域生态环境，并且还有改善土质的作用。梭梭可以使周围的土壤容重、养分及团粒结构等发生变化，为微生物及其他物种生长繁衍提供良好的环境，更加适宜各类生物的生存，为林带内部的生态系统恢复创造了条件。除此之外，防风固沙林还可以带来一定的经济和社会效益。

5.2 防风固沙功能评估

5.2.1 防风固沙功能评估方法

（1）样地布设

选择不同栽植年限的梭梭林为研究样地，在各样地内布设防风固沙监测仪器。

（2）梭梭林风速监测

在选择的梭梭样地内，布设小型气象站，在裸沙地布设对照，连续监测不同栽植年限梭梭林的风速变化。尤其在多风的冬春季，对每个样地进行防风效能监测，设置不同的风杯高度（高 10cm、20cm、50cm、100cm、200cm）监测梭梭林地内外的风速，计算其防风效能。

（3）梭梭林风蚀量监测

风蚀量监测，每个样地内布设 1 处风蚀监测样方，面积 20m × 20m，每个样方设置 3m 间隔的风蚀测钎，风蚀测钎长 100cm，插入地下 50cm；然后定期监测风蚀深度，计算风蚀量，获取吹蚀 / 堆积量。

每年年初在选择的梭梭样地中设置监测样方，利用无人机激光雷达对林地初始地貌进行拍摄，年底在同样的样方中利用同样的方法拍摄，运用相关计算方法计算当年梭梭林地和对照裸地的风蚀、堆积量。

（4）梭梭林降尘量监测

每个样地布设 3 组降尘缸，高度设置为 1m 和 0.5m，然后定期收集降尘量，计算区域降尘通量。

（5）风洞模拟实验

按照 1∶20 设计梭梭模型，模型高设为 H，根据不同栽植年限设计 5 组模型，风洞实验段为出风口 10m 处，在梭梭模型后 0.5H、H、2H、3H、5H 及模型前 0.5H、H、2H 处安装风速廓线仪，共 8 个测点，垂直测点分别从底部起高度依次为 0.4、0.8、1.2、1.8、3、6、12、20、35、50cm，共 10 个测点位。在梭梭根部周围均匀铺设风成沙（梭梭样地内采集），在风成沙下风向距其边缘一段距离安置集沙仪，阶梯式集沙仪每层 1cm 高、2cm 宽，共计 50 层，测定单株梭梭防风固沙效应的变化；同时按照试验样地梭梭的株行距排列模型，模型固定在实验板面上，在梭梭模型林中及林地后方安装风速廓线仪，同样，在模拟林带上风向及下风向均匀铺设风成沙，并在下风向距铺设的风成沙边缘一定距离安装集沙仪，测定不同栽植年限梭梭林在不同风速条件下的防风效应变化及固沙输沙量变化。

（6）梭梭林防风固沙效能评估

防风固沙功能包括固沙和区域防护两个指标，先计算区域防护效应，然后通过风蚀量估算固沙量。

防风固沙实物量评估：

$$G_{固沙}=G\times A \tag{5-1}$$

式中，$G_{固沙}$为梭梭林固沙量（t/a）；G 为不同盖度梭梭林单位面积固沙产量

[t/（hm^2 · a）]；A 为不同盖度梭梭林年限。

防风固沙价值量：

$$V_{固沙}=G_{固沙}\times C_{固沙} \tag{5-2}$$

式中，$V_{固沙}$为梭梭林固沙价值（元 /a）；$C_{固沙}$为沙尘清理费用，根据市场调查取值为 230.8 元 /t。

5.2.2 防风固沙功能评估结果

将不同栽植年份梭梭林内的风速进行对比研究（图 5-1），可以看到 2012 年栽植的梭梭林风速最小，其他年份栽植的梭梭林和对照样地的风速都显著高于 2012 年。2023 年上半年，不同栽植年限梭梭林内风速均比对照旷野风速小，表明栽植梭梭林能显著影响风速。

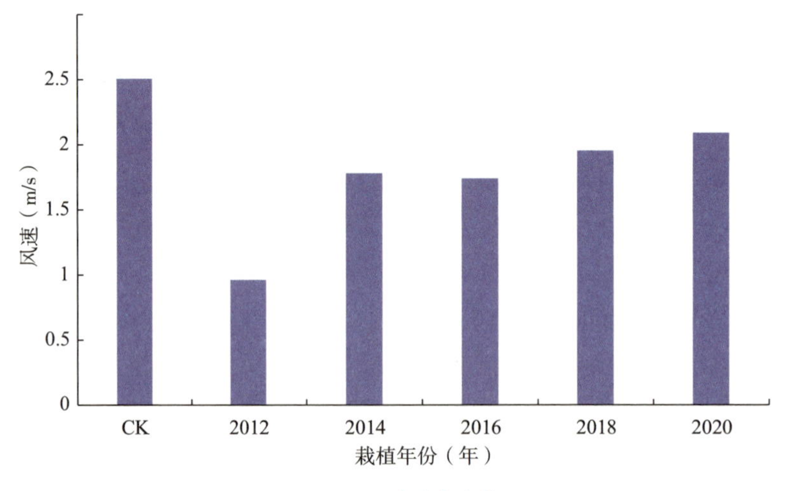

图 5-1　风速动态变化

梭梭林有一定的防风作用，能够降低林内近地表风速，从表 5-1 可以看出，2012 年栽植的梭梭林防风效能最高，平均防风效能高达 61.31%。2020 年栽植的梭梭林防风效能最低，仅有 15.82%。随着栽植年限的增加，梭梭灌丛投影面积逐年增大，防风效能增强。

表 5-1 不同栽植年限梭梭林防风效能

单位：%

月份	2012 年	2014 年	2016 年	2018 年	2020 年
4 月	62.36	34.08	45.61	32.93	21.37
5 月	53.98	31.03	33.57	19.10	19.30
6 月	43.29	22.83	8.31	9.86	5.65
7 月	85.19	25.66	26.69	21.83	16.95
平均	61.21	28.40	28.54	20.93	15.82

（1）滞尘量与灌丛大小的关系

通过建立滞尘量与梭梭灌丛形态的关系式，研究期内每年每平方千米滞尘量 $y=11.981e^{4.5692x}$，$R^2=0.775$，其中 x 为冠幅直径（图 5-2）。根据此公式，2012 年、2013 年、2014 年、2015 年、2016 年、2017 年、2018 年、2019 年和 2020 年栽植梭梭林年固沙量分别为 291.69、204.71、145.93、110.23、96.55、80.60、41.18、31.87、24.66 t/（km^2·a）。

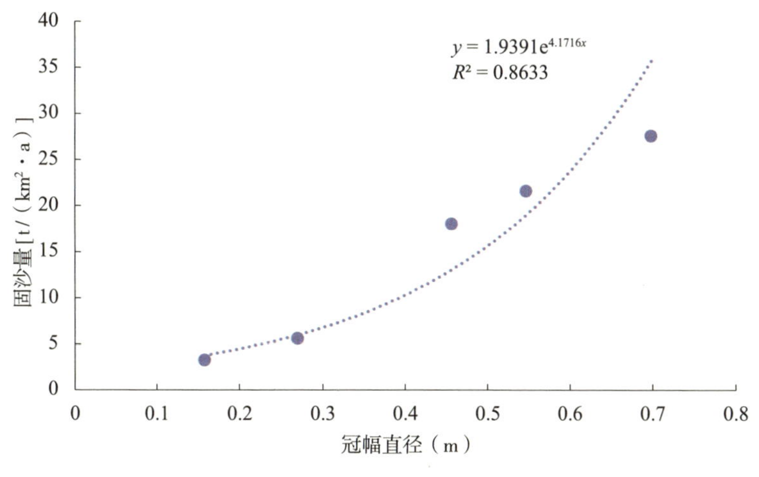

图 5-2 滞尘量与灌丛大小的关系

（2）固沙量与灌丛大小的关系

根据测量不同栽植年份梭梭的冠幅直径及固沙量，建立固沙量与梭梭灌丛形态的关系式，每年每平方千米固沙量 $y=1.9391e^{4.1716x}$，$R^2=0.9389$，其中 x 为冠幅直径（图 5-3）。根据此公式，研究期内 2012 年、2013 年、2014 年、2015 年、2016 年、2017 年、2018 年、2019 年和 2020 年栽植梭梭林年固沙量分别为

35.76、25.88、19.00、14.71、13.03、11.05、5.99、4.74、3.75t/（km^2·a）。结果表明，栽植年限越长，梭梭林固沙量越大，固沙效果越显著，2018 年以后栽植梭梭由于灌丛较小，因此固沙能力有限。

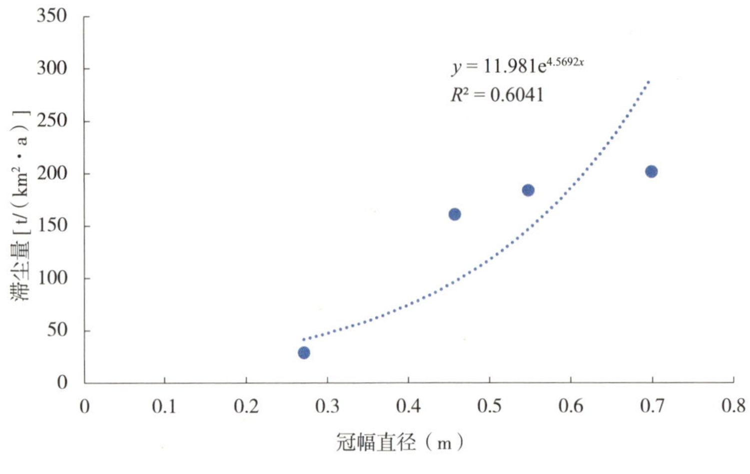

图 5-3 固沙量与灌丛大小的关系

5.3 梭梭人工林植物物种组成与区系特征

5.3.1 科内物种组成情况

由表 5-2 可知，通过植被调查，共调查到植物 22 科 61 属 84 种。其中，藜科植物最多（15 种），其次为豆科（13 种）和禾本科（13 种）、菊科（9 种）和蒺藜科（5 种），这 5 大科植物占全部植物的 65.5%，表明了藜科、豆科、禾本科、菊科和蒺藜科植物对梭梭人工林种植区的气候和环境适应性较好。由于该地区气候干旱少雨、蒸发量大，加之植被种类较少，因此该地区的植被主要由耐旱性植物组成。在该地区，耐旱性植物占据了主导地位，这是因为它们能够适应该地区的干旱少雨、高温高蒸发的气候条件，能够在这样的环境中生存和繁衍。这些植物通常具有较深的根系，能够吸收更深层次的水分，同时还能够通过减少水分流失和调节光合作用等机制来适应干旱环境。此外，耐旱性植物还具有较强的抗风沙能力，能够减少风沙对植被的破坏和侵蚀，如梭梭、红砂、沙冬青和盐生草等。

表 5-2　植物科属统计

科名	属数	占总属比例（%）	种数	占总种比例（%）
藜科（Chenopodiaceae）	10	16	15	18
禾本科（Gramineae）	12	20	13	15
豆科（Fabaceae）	6	10	13	15
蒺藜科（Zygophyllaceae）	3	5	5	6
菊科（Compositae）	8	13	9	11
百合科（Liliaceae）	2	3	4	5
蓼科（Polygonaceae）	3	5	3	4
骆驼蓬科（Peganaceae）	1	2	3	4
白刺科（Nitrariaceae）	1	2	2	2
旋花科（Convolvulaceae）	1	2	2	2
蔷薇科（Rosaceae）	2	3	2	2
萝藦科（Asclepiadaceae）	1	2	1	1
大戟科（Euphorbiaceae）	1	2	1	1
伞形科（Apiaceae）	1	2	1	1
鸢尾科（Iridaceae）	1	2	1	1
柽柳科（Tamaricaceae）	1	2	1	1
车前科（Plantaginaceae）	1	2	2	2
唇形科（Lamiaceae）	1	2	1	1
十字花科（Brassicaceae）	2	3	2	2
石竹科（Caryophyllaceae）	1	2	1	1
紫堇科（Fumariaceae）	1	2	1	1
芸香科（Rutaceae）	1	2	1	1

5.3.2　生活型与水分生态型

研究生活型，一方面可以帮助我们对植物进行生态分类，同时也可以反映出不同地区的自然环境。因此，深入研究植物的生活型对于理解植物区系的分布和形成具有非常重要的意义。本次研究对梭梭人工林的植物进行生活型的划分和研究，通过整理植物调查数据，并参考《内蒙古植物志》和《内蒙古维管植物检索表》等资料，在研究区的植物调查中，所涉及的植物主要分为以下几个类别：小半乔木、灌木、半灌木、小半灌木、小灌木、多年生草本和一年生草本。这些植物在该地区的生态系统中都有着重要的地位和作用。由表 5-3 可知，梭梭人工林植物主要由灌木和草本为主。从植物生活型看，小半乔木有 1 种，灌木有 10 种，小灌木有 6 种，半灌木有 9 种，小半灌木有 5 种，多年生草本有 36 种，一年生草本有 17 种。多年生草本比例较高，占植物总数的 42.86%。这些植物的生长和繁殖在很大程度上取决于 7~9 月的生长季节降水量，以及它们所生长的特定环境条件。

表 5-3　植物生活型统计

生活型	种数	占总种数比例（%）
小半乔木	1	1
灌木	10	12
小灌木	6	7
半灌木	9	11
小半灌木	5	6
多年生草本	36	43
一年生草本	17	20

植物在不断适应外界生态因素的影响下，发展出了各种形态和结构，以适应所处的环境。其中，植物周围水分的供应状况是影响最大的因素，因为水分的充足与否直接影响着植物的生长和发育。因此，从植物形态和结构的角度上来看，水分的供应状况更能够反映出植物所处的生境条件，相较于生活型更为重要。依照植物与水分的关系，可以将植物分为旱生植物、中生植物和水生植物等水分生态型。

从表 5-4 中可以得出，在水分生态型方面，超旱生植物有 5 种，这些植物能够适应非常干旱的环境，如珍珠猪毛菜（*Caroxylon passerinum*）和泡泡刺（*Nitraria sphaerocarpa*）等；强旱生植物有 21 种，这些植物能够适应高温干旱的环境，如松叶猪毛菜（*Oreosalsola laricifolia*）、合头藜（*Sympegma regelii*）和驼绒藜（*Krascheninnikovia ceratoides*）等；旱生植物有 35 种，这些植物能够适应干旱环境，如虫实（*Corispermum hyssopifolium*）、雾冰藜等；旱中生植物有 5 种，这些植物能够适应中度干旱的环境，如阿拉善独行菜（*Lepidium alashanicum*）和芨芨草等；中生植物有 12 种，这些植物能够适应一定的水分条件，如画眉草、虎尾草等；中旱生植物 6 种，这些植物能够适应中等程度的干旱

表 5-4 植物水分生态型统计

水分生态型	种数	占总种数比例（%）
超旱生	5	6
强旱生	21	25
旱生	35	42
旱中生	5	6
中生	12	14
中旱生	6	7

环境。强旱生植物和旱生植物比例较高，分别占植物总数的 25% 和 41.7%。说明该地区的环境为强旱生植物和旱生植物的生长和发育提供了较好的生长环境。

5.3.3 植物科的分布区类型

根据吴征镒《种子植物分布区类型及其起源和分化》和《中国种子植物区系地理》等文献中对世界种子植物科分布区类型的划分，梭梭人工林的种子植物可以划分为四个分布区类型，分别是世界分布、泛热带或全热带分布、北温带分布以及欧亚温带分布（表 5–5）。其中世界分布的科占了总数的一半以上，包括唇形科、豆科、车前科（Plantaginaceae）、蓼科、藜科、菊科、禾本科、十字花科、蔷薇科、伞形科（Apiaceae）、旋花科（Convolvulaceae）以及石竹科（Caryophyllaceae）。泛热带或全热带分布的科占了总数的 27.27%，包括大戟科（Euphorbiaceae）、芸香科（Rutaceae）、鸢尾科（Iridaceae）、白刺科（Nitrariaceae）、骆驼蓬科（Peganaceae）以及萝藦科（Asclepiadaceae）。北温带分布的科有 3 个，欧亚温带分布只有一个科。这一结果反映了内蒙古沙漠严酷的自然环境，只有世界分布这一大科，凭借其广泛的系统和高度的适应性，在恶劣

表 5-5 植物科的分布区类型

分布区类型	科数	占分布科的比例（%）
1. 世界分布	12	54
2. 泛热带或全热带分布	6	27
8. 北温带分布	3	13
10. 欧亚温带分布	1	4

的环境中才能得以生存。

5.3.4 植物属的分布区类型

根据吴征镒先生关于中国种子植物属分布区类型的划分方法，将梭梭人工林植物属划分为 10 个分布区类型（表 5–6），其中地中海区、西亚至中亚分布这一分布区的数量最多，为 14 属，占总属数的 22.95%，泛热带分布、北温带分布和欧亚温带分布或旧世界温带分布次之，皆有 8 属，占总属数的 13.11%。

表 5-6 植物属的分布区类型

分布区类型	属数	占分布属数的比例（%）
1. 世界分布	6	9
2. 泛热带分布	8	13
4. 旧世界热带分布	1	1
8. 北温带分布	8	13
9. 东亚 – 北美间断分布	1	1
10. 欧亚温带分布或旧世界温带分布	8	13
11. 温带亚洲分布	7	11
12. 地中海区、西亚至中亚分布	14	22
13. 中亚分布	7	11
14. 东亚分布	1	1

①世界分布有 6 属，占总属数的 9.83%，包括旋花属（*Convolvulus*）、车前属（*Plantago*）、黄芪属（*Astragalus*）、独行菜属（*Lepidium*）、猪毛菜属（*Kali*）、大戟属（*Euphorbia*）。这些植物对盐度的耐受性较强，适合在湿度条件稍好、盐度较高的地区生长。

②泛热带分布有 8 属，占总属数的 13.11%，包括三芒草属（*Aristida*）、蒺藜属（*Tribulus*）、虎尾草属（*Chloris*）、画眉草属（*Eragrostis*）、狗尾草属（*Setaria*）、冠芒草属（*Pappophorum*）、锋芒草属（*Tragus*）、狼尾草属（*Pennisetum*）。

③北温带分布有 8 属，是内蒙古西部梭梭林种植区重要组成部分，在植物区系中起到较为重要的作用，包括棘豆属（*Oxytropis*）、蒿属（*Artemisia*）、针茅属（*Stipa*）、葱属（*Allium*）、鸢尾属（*Iris*）、赖草属（*Leymus*）、虫实属

（*Corispermum*）、旱雀豆属（*Chesniella*）。

④欧亚温带分布或旧世界温带分布有 8 属，占总属数的 13.11%，包括隐子草属（*Cleistogenes*）、芨芨草属（*Neotrinia*）、木蓼属（*Atraphaxis*）、鹅绒藤属（*Cynanchum*）、大黄属（*Rheum*）、桃属（*Amygdalus*）、蓝刺头属（*Echinops*）、鸦葱属（*Takhtajaniantha*）。这些植物是分布区域内重要的建群种。

⑤地中海区、西亚至中亚分布有 14 属，占总属数的 22.95%，为分布最广的属，常见的有沙拐枣属（*Calligonum*）、盐爪爪属（*Kalidium*）、假木贼属（*Anabasis*）、裸果木属（*Gymnocarpos*）、盐生草属（*Halogeton*）、雾冰藜属（*Grubovia*）、红砂属（*Hololachna*）、梭梭属（*Haloxylon*）。这一分布区类型是该地区植物群落中最有特色和最重要的组成部分。这些属在内蒙古西部物种中广泛存在，主要是旱生的草本植物。

⑥温带亚洲分布有 7 属，占 11.48%，包括蝟菊属（*Olgaea*）、细柄茅属（*Ptilagrostis*）、锦鸡儿属（*Caragana*）、亚菊属（*Ajania*）、驼绒藜属（*Krascheninnikovia*）、黄鹌菜属（*Youngia*）、燥原荠属（*Stevenia*）。这些属在内蒙古西部梭梭人工林分布区的分布范围较小。

⑦中亚分布有 7 属，分别是兔唇花属（*Lagochilus*）、合头藜属（*Sympegma*）、绵刺属（*Potaninia*）、沙冬青属（*Ammopiptanthus*）、紫菀木属（*Asterothamnus*）、霸王属（*Sarcozygium*）、沙蓬属（*Agriophyllum*）。该分布区类型在西北荒漠地区是重要组成部分，主要是群落伴生类群。

5.4 梭梭人工林空间结构特征

群落的高度、盖度、多度是生态系统结构的重要基本参数，高度（cm）用直尺测量，盖度（%）采用目测估计法，多度（株）采用分种记名计算法记录。将数量特征（高度、盖度以及多度）进行对比分析。梭梭的数量特征不算入其中的原因是为了与空白对照进行合理的对比。结果显示：不同种植年份和不同立地类型下群落的高度、盖度以及多度都发生了不同的变化。

5.4.1 梭梭人工林群落平均高度

（1）不同林龄梭梭人工林

选取 2022 年调查的不同林龄（2 年、4 年、5 年、6 年、7 年、8 年、10 年）

的7块代表性样地，并选取未种植梭梭的空白样地作为对照组，标记为CK。为了尽量减小因选取样地跨度过大对数据的准确性造成的影响，皆选取位于调查区域的不同林龄梭梭人工林样地进行对比和分析。未选取3年、9年的原因是，所调查样点的选取是基于2021年已调查样点，而在这一年时间内，3年、9年样地因特殊原因被占据，故未进行2022年度的调查。

如图5-4所示，10年时间内，样地群落平均高度整体呈先增加后减小又增加的趋势。其中，在林龄7年的梭梭样地达到了最小值，而在林龄5年的梭梭样地达到了最大值。与空白对照组相比，除了7年，均高于空白对照组。群落高度的变化趋势与灌木层的趋势相似性高，这是因为灌木在高度上占优势。在这组数据中，高度变化的趋势在不同年份之间存在显著差异，其中，7年高度与其他林龄相比，差异过悬殊的原因是7年虽然种植时间长，但所处位置气候干旱，不利于植物成活和生长，且群落的均高大部分是由灌木的均高决定的，而灌木的生长离不开水分的滋养。因此，7年的样地高度相对较低。而在林龄5年的梭梭林，均高达到了最大值。这是因为此样地绵刺和霸王所占比例多，平均高度大，从而导致整个样地高度的上升。

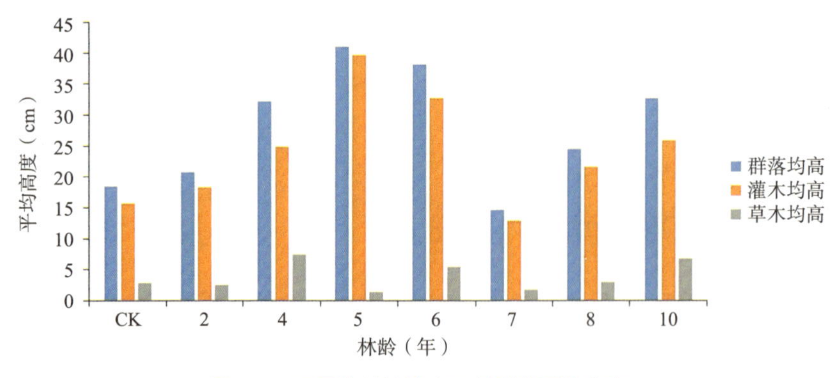

图5-4　不同林龄梭梭人工林群落平均高度

同时，林龄10年样地的均高为32.58cm，主要原因是此样地灌木数量少，草本植物多，在计算平均高度的时候不占优势。因此，整体样地高度的变化趋势与群落基本一致。总的来说，这组数据展示了梭梭林样地高度变化的趋势，同时也说明了不同因素对于梭梭林生长的影响。

（2）不同立地梭梭人工林

本次植物调查不仅包含了不同林龄的梭梭人工林，也包含了不同立地类型。

立地类型的划分依据冯益明的《基于遥感影像识别的戈壁分类体系研究》，根据地表覆盖砾石不同粒径将戈壁分为 3 种，分别是粗砂质戈壁（1~2mm）、细砾质戈壁（2~4mm）和中砾质戈壁（4~64mm）。

粗砂质戈壁：戈壁表面主体物质由 1~2mm 的石子组成，该种戈壁主要分布在沙漠与戈壁过渡带。细砾质戈壁：戈壁表面主体组成物质粒径介于 2~4mm，一般主要是冲积物，主要分布在冲积平原区域，砾石磨圆度较好，粗细相对均匀，地面基本平坦。中砾质戈壁：戈壁表面主体组成物质粒径介于 4~64mm，一般主要是冲洪积物，主要分布在冲洪积平原地带，砾石磨圆度较好，粗细相对均匀，砾石覆盖密度大，地面基本平坦，坡度一般在 0.5°~3°。除此之外还调查了一个沙漠样地，具体如图 5-5 所示。

图 5-5　立地类型划分

如图 5-6 所示为不同立地条件下梭梭人工林平均高度变化。从群落角度来看，中砾质戈壁 > 细砾质戈壁 > 沙漠 > 对照组（CK）> 粗砂质戈壁。中砾质戈壁的梭梭人工林平均高度最高，其次是细砾质戈壁、沙漠、对照组和粗砂质戈壁。草本层细砾质戈壁 > 粗砂质戈壁 > 对照组 > 沙漠 > 中砾质戈壁。草本层的平均高度则以细砾质戈壁最高，其次是粗砂质戈壁、对照组、沙漠和中砾质戈壁。这些结果表明，土壤表层覆盖物粒径的大小与草本层的高度和群落的高度都有着密切的关系。实验结果还表明，由沙漠到中砾质戈壁的土壤表层覆盖物粒径呈现出一个逐渐增大的趋势。草本层的高度变化很大程度上依赖于降雨和土壤表层覆盖砾石的粒径，粒径越大，越有利于土壤水分入渗。随着砾石粒径的增加，覆盖层的大孔隙数量增多，水流通道好，填满覆盖层孔隙空间所需水分也增多。但在中砾质戈壁，土壤表层覆盖物粒径的大小呈现出一个下降趋势。其原因与前人的研究结论一致：在粒径为 2~3mm、3~5mm 时，石砾含量与土壤渗透性能呈正相关趋势。但粒径为 5~10mm 时，除了 80% 石砾含量的土样下渗曲线明显较高以外，土壤容重和石砾含量对土壤渗透性影响差异较小。土壤入渗好的立地有利于一年生草本植物存活，土壤入渗较差的不利于草本植物生长。实验结果还表明，灌木层的趋势与群落相同，由此可见灌木的均高对群落的高度影响极大。灌木层中砾质戈壁的平均高度最高，其次是细砾质戈壁和粗砂质戈壁。这是因为地表覆盖砾石的粒径不仅影响着水分的下渗，也影响着水分的蒸发散。粒径越高且覆盖面积大的石砾在土壤表层形成一层天然屏障，减少了土壤水分的蒸发，尤其是在戈壁地区这种阳光充足、蒸发量大的地区。沙漠灌木的高度小于细砾质戈壁的很大一部分原因是，虽然沙漠的粒径小，但地表无覆盖物，储水能力相对较差。

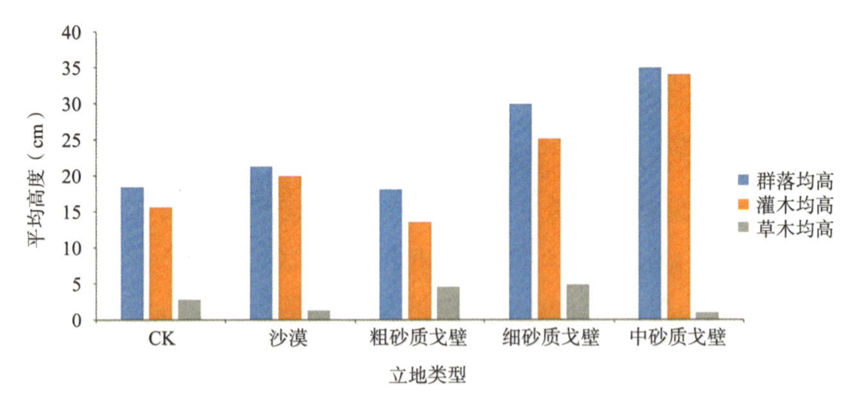

图 5-6　不同立地梭梭人工林群落平均高度

5.4.2　梭梭人工林群落平均多度

（1）不同林龄梭梭人工林

群落多度是评估生态系统稳定性和生产力的重要指标之一。许多因素可以影响群落多度的大小，如环境因素、物种相互作用等。草本植物的多少被证明是影响样地群落多度大小的关键因素。群落多度在 10 年达到最大值（图 5-7），这与群落中草本植物数量的增加有关。10 年群落，有 18 种草本植物在样地中生长，这导致了群落多度的增加。相反，在 7 年群落多度达到最小值，这是因为草本植物在样地中相对较少。草本植物在样地中的数量对群落多度的影响非常显著。

此外，草本植物在 6 年样地达到了最大值，共有 20 种草本植物生长在样地中。而在 7 年和 4 年，草本植物数量最少，只有 10 种。这种变化可能受环境因素、物种相互作用等多种因素的影响。总的来说，草本植物的数量对群落多度大小有着重要的影响。

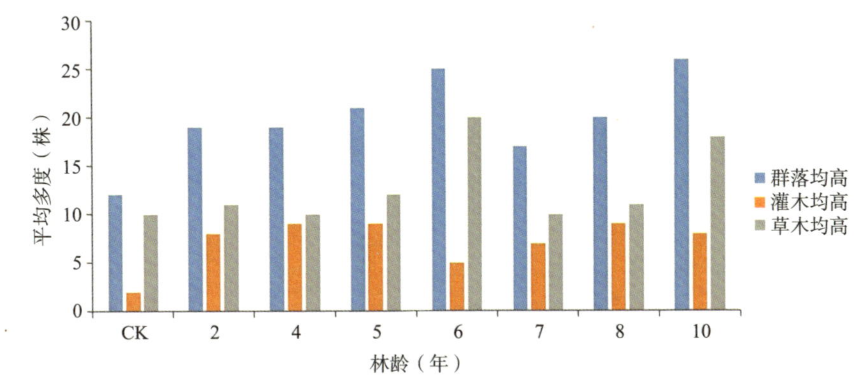

图 5-7　不同林龄梭梭人工林群落平均多度

（2）不同立地梭梭人工林

由图 5–8 可知，不同立地条件下的梭梭人工林群落多度的变化趋势是不同的。不同立地梭梭人工林群落多度变化趋势为粗砂质戈壁＞细砾质戈壁＞对照组＞中砾质戈壁＞沙漠。在粗砂质戈壁地区，植物种类最为丰富，而在沙漠地区，植物的多度则最低。这种变化趋势可能是由于地表砾石覆盖的粒径和数量的不同导致的。在粗砂质戈壁地区，砾石覆盖较多，这对草本植物的生长有很大的帮助。而在沙漠地区，砾石覆盖较少，导致植物的生长条件相对较差。此外，发现

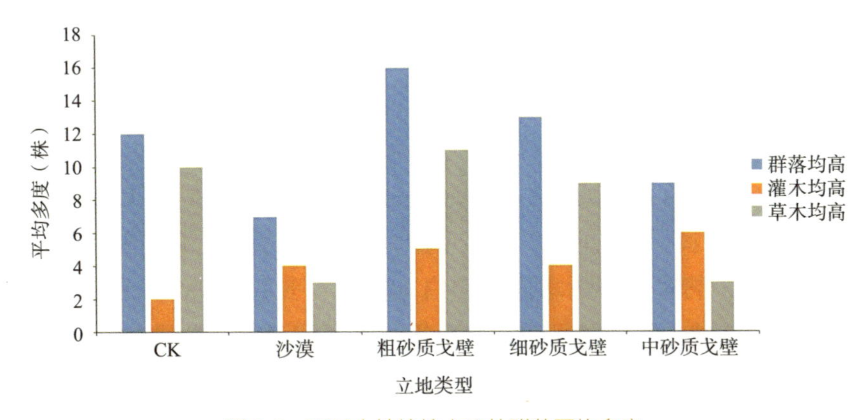

图 5-8　不同立地梭梭人工林群落平均多度

草本植物的多度与当年的降水量有很大的关系。降水量越多，草本植物生长得越好，多度也就越高。而灌木层面的多度则反映了多年降水量对植物群落的影响。在中砾质戈壁地区，灌木层面的多度最高，这可能是由于该地区多年来的降水量相对较高。值得一提的是，有研究表明，种植梭梭后，对不同立地条件种植区植物多样性的影响是正相关的。这意味着，在不同的环境条件下种植梭梭可以促进植物的多样性。这对于生态恢复和保护具有重要意义。

5.4.3 梭梭人工林群落盖度的变化

群落的盖度是指植物在土地上的覆盖面积，是评估生态系统稳定性和生产力的重要指标之一。在野外调查中，目估法是一种常用的盖度估算方法，尤其适用于荒漠草原等结构简单、物种单一的生态系统。目估法的原理是将视线垂直于地面，在一个固定的距离观察和记录在垂直线下的植物部分所占比例。由于荒漠草本植物的生长状况与灌木相比更难观察和测量，因此采用目估法来估算每个样方内植物的盖度，可以有效地提高调查效率和准确性。

（1）不同林龄梭梭人工林

对于不同林龄的梭梭林，其盖度变化较为明显。从实验结果（表 5–7）来看，10 年和 6 年的盖度最大，达到了 48.33%。而 7 年的盖度最小，仅为 2.67%。这种差异可能与样地内的一年生草本植物的数量有关。在两个盖度最高的样地中，一年生草本植物数量较多，而在 6 年和 7 年，草本植物数量较少，盖度相对较低。从 10 年到 2 年，群落的盖度呈现出一种先减少后增大的趋势。在 6 年，盖度达到了最大值，而在 7 年和 5 年，盖度则达到了最小值。这种变化可能与林龄和降水量有关。10 年种植年份长，灌木生长状况已经稳定。而 6 年栽植年份降水量充足，植物长势好。相比对照组，栽植梭梭后盖度的增长很明显，说明人工栽植梭梭对荒漠地区起到了正效益。

表 5-7 不同林龄梭梭人工林盖度

林龄（年）	对照组	2	4	5	6	7	8	10
盖度（%）	5	11	6.66	9.33	48.33	2.66	4	48.3

（2）不同立地梭梭人工林

研究表明（表 5–8），在中砾质戈壁中，盖度最高，其次是沙漠。而粗砂质戈壁、对照组、细砾质戈壁的盖度则依次递减。其中，中砾质戈壁盖度高的原因主要是地表覆盖砾石粒径大，水分条件好；而沙漠盖度高达 13% 的原因则是其灌木数量多，生长量大。由于采用目估法，盖度的很大一部分取决于草本植物的盖度和数量。因此，在进行荒漠生态系统的恢复和保护时，种植植被是非常重要的一环。实验结果表明，种植梭梭后，整体盖度明显大于对照组，说明种植梭梭对盖度起到了显著的增加效果。此外，植物盖度的增加还可以对荒漠生态系统起到防风固沙、减少扬沙和保持水土的效果。这也再一次印证了人工种植梭梭林对荒漠生态环境的正向影响。因此，为了保护荒漠生态系统，应该大力推广人工种植梭梭林的做法，通过植被的增加来提高盖度，实现荒漠生态系统的恢复和保护。同时，应该加强荒漠生态系统的管理和保护，促进荒漠生态系统的可持续发展。

表 5-8　不同立地梭梭人工林盖度

立地类型	沙漠	粗砂质戈壁	细砾质戈壁	中砾质戈壁
盖度（%）	13	5.33	2.33	16.66

5.5 梭梭固碳功能评估

5.5.1 生长量参数与年龄之间的关系

将年龄与其相对应的生长量参数平均值地径、树高、冠幅建立关系得到图 5-9。由图 5-9 直观地可见：整体上，随着年龄的增长，梭梭的粗生长和高生长以及冠幅都随着年龄的增长而增长，说明年龄与生长量关系密切，呈正相关关系。树高和冠幅生长量相差不大，树高和冠幅随年龄增长的增幅比较接近，说明梭梭垂直生长量与水平增长量比较接近，可以说同步增长。这说明梭梭生长量外形上接近球体。进化成如此形态，可能由于外界环境风沙比较大，球体能够减小风的阻力，更有利于树木生长空间结构的稳定性，这种生物学进化很可能源于与外界环境的力学机制相适应的结果。

6 年为一个拐点，小于 6 年冠幅平均值大于树高平均值，树高大于冠幅，垂直增长量略高于水平生长量。幼林龄阶段水平生长量大于高生长量，可能是由于植物在地上枝条地下根系的水平方向营养空间养分充足未达到饱和，而垂直方向生长要克服重力，生长阻力远大于水平，所以幼林龄冠幅生长量大于高生长量。

6 年以后树高平均值大于冠幅平均值，中林龄以后高生长量大于冠幅生长量，可能是由于梭梭根系在幼龄林末期水平方向上植物体内树枝和侧根系竞争进入白热化阶段，水平营养空间达到饱和。植物体内竞争概念指在一株植物体内由于相邻枝叶彼此遮阴或者彼此争夺水分养分，地下相邻根系空间严重重叠，争夺水分养分使得营养空间相对饱和的现象。这种竞争的结果就是迫使植物向更高或更深层次即垂直方向上解锁新的营养空间，以满足植物正常生长的需求，缓解植物体内水平营养空间竞争的压力。

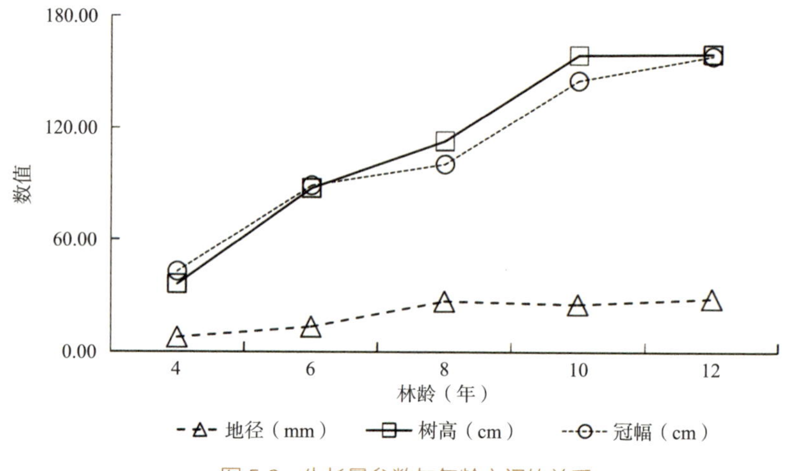

图 5-9　生长量参数与年龄之间的关系

到 12 年树高与冠幅值相接近直至再度重合近球体。这可能是由于垂直方向上每解锁一层营养空间，水平方向上释放出新的增长空间，但是受到外界土壤环境的限制，苏海图戈壁土层 3~4 m 处出现硬砂层，铁质挖掘机都很难挖动，硬度非常大，根系根本无法穿透此层继续向下生长解锁更深层次营养空间，垂直生长因环境受限制，加之盐分累积，越往下盐胁迫越严重，根系表层出现白色盐套。苏海图戈壁滩降水量不足 50 mm，而蒸发量 3000 mm 左右，气候土壤干旱导致植物极度缺水，还有地表风沙危害较大，只有植物更接近球体，才能降低风阻，以减小对植物的枝叶和根系的损害，增强植物的稳定性。所以外部干旱胁迫、盐胁迫、土壤硬质胁迫、风沙危害的恶劣环境，致使梭梭枝叶和根系很难在垂直方向上解锁新的营养空间，树高生长严重受抑制，使树高值与冠幅值相接近直至相等，这也是植物适应环境的一种进化形式。

树高和冠幅值也远大于地径值，这是由于其密度不同且在树木各器官组成所发挥的功能不同。树高是主干和枝叶在垂直方向上的长度，它代表植物在克服重力远离地心方向上所能达到的高度，其密度是逐渐降低的，营养物质累积越少；冠幅则是植物枝叶在水平方向上所能伸展达到的最大范围，越远离主干密度越小，营养物质含量越低。树高和冠幅所描述的是生长量的边界值的概念，其担任的功能是空间探索竞争营养。基径是主干基部的直径，其担任的功能是营养传导发散和汇聚作用，是植物营养物质积累最集中的器官，密度也是地上部分最大的。所以，树高和冠幅与主干基径的功能和密度的差异导致值差异较大。

5.5.2 单株各器官生物量

根据年龄和单株各器官生物量平均值得到图 5-10，可知随着年龄的增长梭梭各器官细枝、中枝、粗枝、主根呈现逐渐增加的趋势，而干枝和侧根则呈现先增加后减小的趋势。

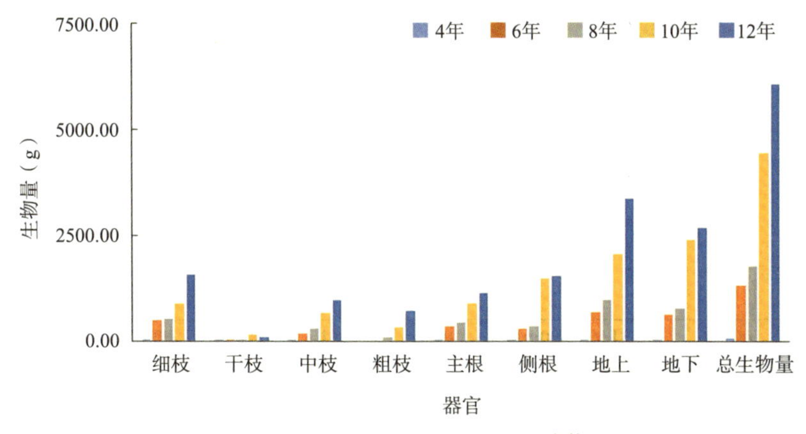

图 5-10 不同林龄梭梭单株各器官生物量

4 年生梭梭细枝、干枝、中枝、主根、侧根 5 个梭梭器官生物量分别为 9.85g、3.90g、9.68g、26.73g、17.61g，地下主根和侧根生物量远大于地上，说明梭梭在幼龄林阶段是根系迅速生长阶段，地下主根和侧根生物量增长率远大于地上细枝、干枝、中枝。

6 年生梭梭 5 个器官生物量比 4 年生分别增长了 4852.35%、9.62%、1872.61%、1203.61%、1545.35%，除干枝外细枝、中枝、主根、侧根生物量都增长迅速，这可能是由于地下主根和侧根根系在幼龄林阶段构建完成，为梭梭各器官生长提供了充足的条件，另一方面可能是地下营养空间充足，所以梭梭生长迅速。

8 年梭梭 5 个器官生物量比 6 年生分别增长了 6.29%、628.65%、62.54%、27.97%、18.73%，除干枝外各器官生物量增长率较 4~6 年生长阶段明显下降，侧根升值出现了负增长现象，原因可能是一方面梭梭营养竞争加剧，营养空间相对缩小，生物量增长率减缓；另一方面与气候干旱降水量降低，为躲避枯水年的旱季梭梭放弃一部分枝条的抗旱策略有关，或者枯枝增多是由于枯水年降水量无法满足梭梭继续生长的需求致使一部分枝条干枯。这里值得一提的是 8 年生梭梭开始出现粗枝，或者说直径大于 2 cm 的枝干，木质化程度更高更粗的枝条出现，说明梭梭生物量增长进入了一个新阶段。

10 年梭梭细枝、干枝、中枝、粗枝、主根、侧根 6 个器官生物量比 8 年生分别增长了 74.35%、440.37%、111.44%、91.94%、102.57%、333.24%，梭梭又进入新的一轮迅速生长阶段，但增长率涨幅没有 4~8 年的大，其中侧根最大，这可能与梭梭解锁新的营养空间释放了生长力有关，值得注意的是，干枝增长也同样增大，说明梭梭在生长的同时凋落衰老速度也在加剧。

12 年梭梭 6 个器官生物量比 10 年生分别增长了 73.73%、–44.27%、49.46%、115.34%、28.59%、2.95%，此阶段各器官增长明显减缓，干枝甚至出现了负增长，侧根虽未进入负增长但增幅也明显减小，可能与营养竞争白热化有关，而 3~4 m 为硬砂岩层，其质地坚硬挖机都无法下挖，根系很难向下生长，根系生长明显受抑制，进而减缓了梭梭侧根生物量增长。然而，硬砂岩层也成为隔水层，虽然侧根向下无法生长，但并不影响吸收水分，所以其他器官生物量增长并未因侧根生物量生长受到抑制。值得注意的一点是，此处的盐分积累也大到一定程度，以致侧根为自我保护形成一层白色的盐套，这可能是在吸收水分的过程中逐渐累积而成的。

小于 6 年的梭梭树枝基径 < 2cm，当梭梭达到 8 年以上树枝基径才能达到 2cm，形成粗枝生物量达到 96.50g；10 年梭梭粗枝比 8 年增长了 241.55%，进入迅速积累阶段；12 年梭梭粗枝比 10 年增长了 110.96%，增速有所减缓，但生物量仍在迅速增加。

5.5.3 地上各器官生物量占比

由图 5–11 地上生物量各器官占比可知，细枝生物量 4 年、6 年、8 年、10 年、12 年占比分别为 42.05%、71.43%、53.30%、43.93%、46.82%，平均占比 51.51%，整体上呈现先增大后减小再增大的趋势，其中 6 年的时候占比最大，说明幼龄林期地上生物量主要以细枝为主，随着年龄的增大、营养的累积，细枝地上生物量占比逐渐减小转移，但至少也占 1/3。

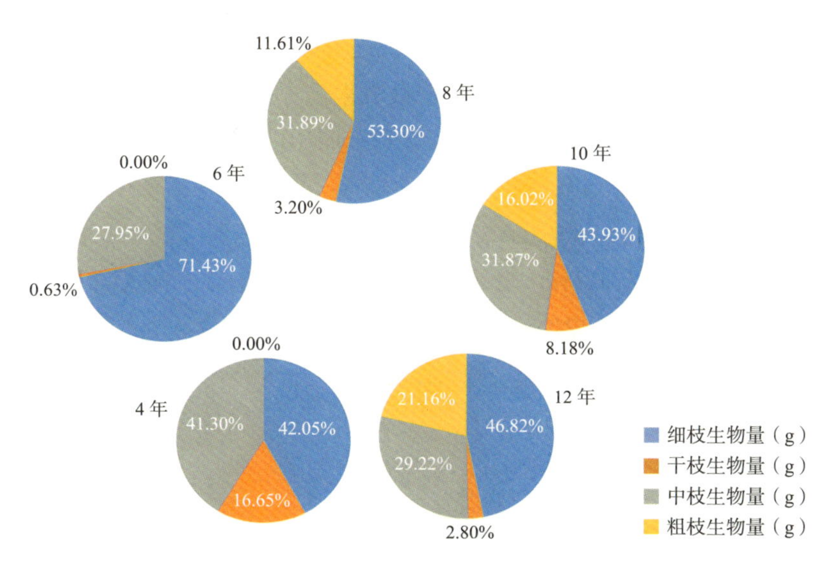

图 5-11　地上各器官生物量占比

干枝生物量 4 年、6 年、8 年、10 年、12 年占比分别为 16.65%、0.63%、3.20%、8.18%、2.80%，平均占比 6.29%，干枝占比整体上较小，接近 1/16，呈现先减小后增大再减小的趋势，说明幼龄林时枯枝占比较大，抗干旱的能力较弱，容易死亡，随着年龄的增长梭梭木质化程度不断增强，抗干旱的能力逐渐增强，干枝占比也就相对较小。另外，枯枝的占比波动很可能与降水量随年季波动有关。

中枝生物量 4 年、6 年、8 年、10 年、12 年占比分别为 41.30%、27.95%、31.89%、31.87%、29.22%，平均 32.45%，中枝生物量的占比也出现略微波动，中等木质化枝条生物量总体维持在 1/6。

粗枝生物量 4 年、6 年、8 年、10 年、12 年占比分别为 0.00%、0.00%、11.61%、16.02%、21.16%，8~12 年平均 9.76%，说明幼龄林期梭梭树枝基径未达到 2cm 以上，木质化程度还比较低，抗风沙的能力也比较弱，随着年龄的增长，8~12 年生的梭梭粗枝生物量不断累积。由此可知，粗枝生物量代表着梭梭碳等营养物质积累和高木质化的程度，粗枝生物量占比增大，木质化程度水平越高，粗枝碳储量也就越大。

5.5.4　地下各器官生物量占比

由图 5-12 可知，主根生物量 4 年、6 年、8 年、10 年、12 年占比分别为 60.28%、54.60%、56.45%、37.74%、43.09%，平均 50.43%，说明地下生物量

4~8 年以主根为主约占 2/3，整体上呈现先减小后略增加的趋势，平均各占一半。这说明碳等营养物质也同样储存在主根里，主根同样承载着地下碳物质的汇集与存储作用，并以之为主，吸收作用为辅。而 10~12 年主根明显小于侧根，主根生物量开始减少。

侧根生物量 4 年、6 年、8 年、10 年、12 年占比分别为 39.72%、45.40%、43.55%、62.26%、56.91%，平均 49.57%，说明侧根生物量总体上只占地下生物量的一半，4~8 年约占 2/5，到 10 年达到最大约占 2/3，这可能与侧根主要负责拓展地下空间从而吸收水分和养分的功能有关，同时一部分碳等营养物质也开始陆续储存在侧根里。

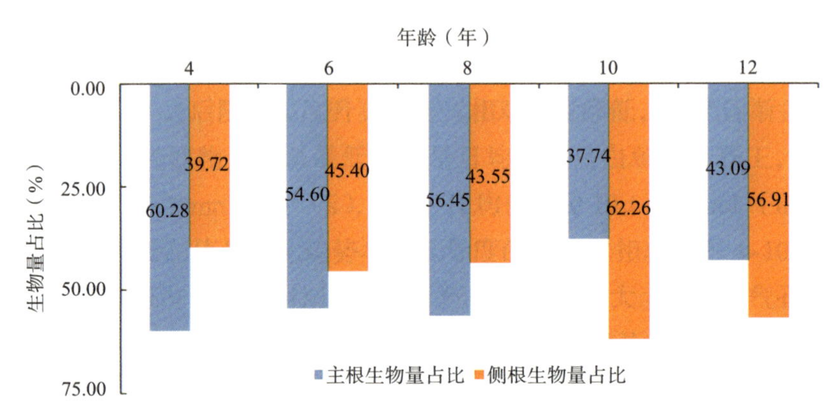

图 5-12　地下生物量各器官占比

5.5.5　各器官总生物量占比

由图 5-13 可知，细枝生物量 4 年、6 年、8 年、10 年、12 年占比分别为 14.54%、36.92%、29.41%、20.31%、25.96%，平均维持在 25.43% 的水平上，细枝生物量占总生物量的 1/4，说明用于进行光合作用的细枝生物量在总生物量的比重并不大，主要起着光合作用和呼吸作用，合成营养物质，气体交换，吸收水分，并为生命活动提供能量来源等。

干枝生物量 4 年、6 年、8 年、10 年、12 年占比分别为 5.75%、0.32%、1.77%、3.78%、1.55%，平均 2.64%，干枝生物量占比较小，说明梭梭在幼龄林和中龄林时期整体处于生命旺盛期，梭梭的生长量远远大于枯萎量，平均约是枯萎量的 36 倍。但幼龄林期干枝生物量略大可能由于移栽梭梭造林改变了梭梭的生存环境，破坏了梭梭根系，梭梭需要重新适应新的环境，重新构建根系系统，以维持正常生长，此时根系系统为健全时，会枯萎一部分细枝，以减少蒸腾。

中枝生物量4年、6年、8年、10年、12年占比分别为14.28%、14.45%、17.60%、14.73%、16.20%，总体维持在15.45%的平均值水平上，约占1/6，上下波动幅度并不大，略微呈现先增加后略减小的趋势，说明代表中等木质化水平的中枝（0.5~2cm）在总生物量比重并不大，到1~8年占比最大，可能是由于地下根系系统完善，地上营养物质积累速度达到峰值，进入8~12年中龄林期，一部分中枝进入粗枝行列，进入高木质化阶段，所以中枝生物量占比波动不大。

粗枝生物量4年、6年、8年、10年、12年占比分别为0.00%、0.00%、6.40%、7.40%、11.73%，平均值为8.51%，4~6年幼龄期梭梭树枝基径并未达到粗枝（< 2cm），当梭梭林龄达到8年以上树枝基径才能达到2cm以上，达到较高木质化程度，而且随着年龄增长，粗枝生物量占比逐年增加，12年粗枝生物量占比超过1/10。

主根生物量4年、6年、8年、10年、12年占比分别为39.45%、26.38%、25.30%、20.29%、19.20%，平均值为26.12%，约占总生物量的1/4，在各器官中生物量最大，也是碳等营养物质存储量最大的器官，这对生物量以及碳储量的估算意义重大。

侧根生物量4年、6年、8年、10年、12年占比分别为25.99%、21.93%、19.52%、33.48%、25.36%，平均值为25.26%，约占总生物量的1/4以上，占比

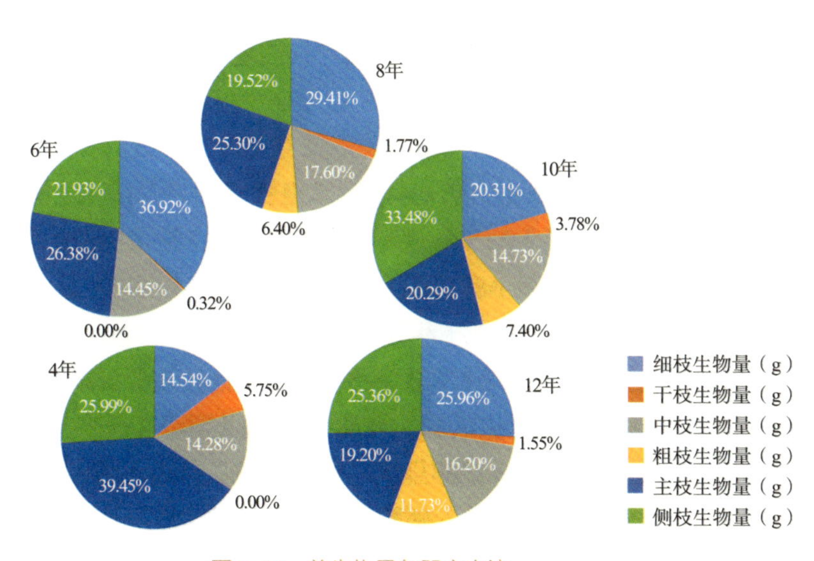

图5-13 总生物量各器官占比

仅次于细枝生物量，说明侧根是生物量估算不可缺失的重要组成部分。

5.5.6 地上、地下、总生物量变化规律

随着年龄的增长，地径、树高、冠幅的不断增加，由图 5-14 至图 5-16 可知地上生物量、地下生物量、总生物量均呈现增长的趋势；地上生物量整体上大于地下生物量，只有幼龄期 6 年生梭梭地下生物量大于地上；8 年以前生物量增幅较慢，8 年以后增幅显著。

4 年梭梭地上生物量、地下生物量、总生物量分别为 23.43g、44.34g、67.77g，经过 12 年的生长，梭梭地上生物量、地下生物量、总生物量平均值分别可以达到 3354.34g、2696.07g、6050.41g（图 5-14）。

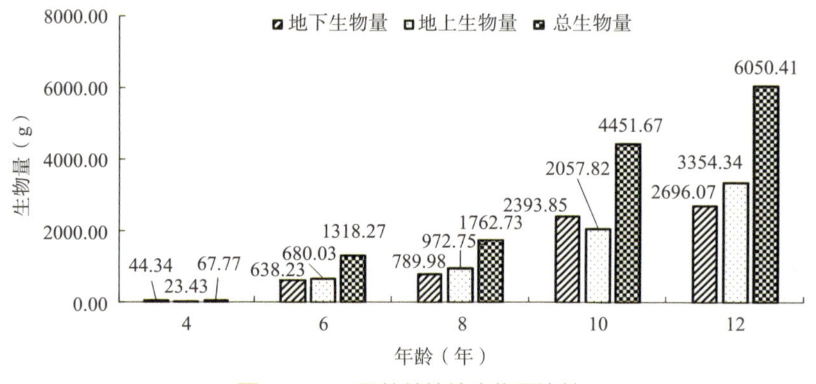

图 5-14 不同林龄梭梭生物量比较

以 2 年为一个年龄段，6 年、8 年、10 年、12 年地上生物量增长率分别是上一年龄段的 2803.02%、43.05%、111.55%、63.00%。地上生物量增长率均大于 0，说明地上生物量一直处于累积的状态；而且从第 4 年到第 6 年增长了 28 倍，处于急速生长时期；增长率出现折线高低跌宕起伏一方面可能与降水量不稳定有关，另一方面可能与营养竞争有关。

6 年、8 年、10 年、12 年地下生物量增长率分别是上一年龄段的 1339.33%、23.78%、203.03%、12.62%，可以看出 4~6 年期地下生物量也处于急速生长期，然后同样出现跌宕起伏的现象，不同的是 10~12 年段出现了增长减小的情况，可能是地下营养空间受限竞争进入白热化阶段，致使地下生物量生长受限开始缩减。

6 年、8 年、10 年、12 年总生物量增长率分别是上一年龄段的 1845.28%、33.72%、152.54%、35.91%（图 5-15），说明总生物量一直处于增长状态，但是

到12年时增长非常缓慢，基本接近停滞生长的状态。原因可能是与土层较厚的沙漠不同，戈壁沙漠到达一定深度就处于硬砂层隔水层，土层厚度3~4 m深，再往下梭梭根系很难扎根，受硬沙层和盐胁迫的影响，根系在硬砂层盘结碳化，根系外部包有盐壳，加之干旱胁迫，根系生长受到严重抑制，致使总生物量生长缓慢。

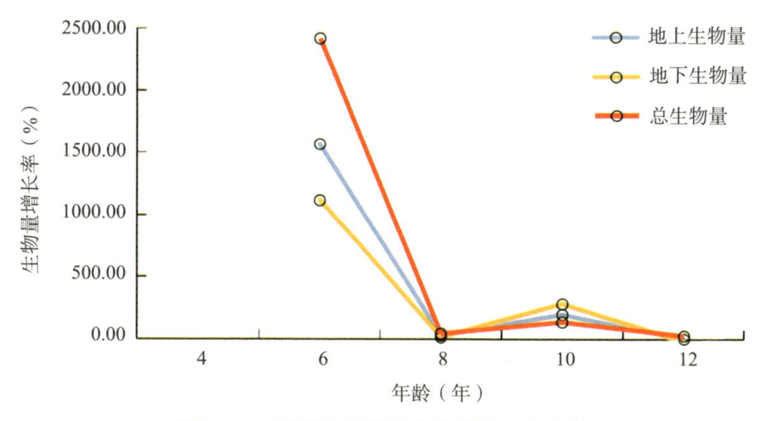

图5-15　不同林龄梭梭生物量增长率比较

4年、6年、8年、10年、12年5个年龄段的地上生物量的年均增速分别为5.86g/a、328.30g/a、146.36g/a、542.53g/a、648.26g/a（图5–16），地上生物量增速12年达到最大。

5个年龄段地下生物量的年均增速分别为11.09g/a、296.95g/a、75.87g/a、801.94g/a、151.11g/a，到10年地下总生物量增速达到最大值，12年开始出现增长减缓的现象，这可能与戈壁滩3~4 m深土层为硬砂层，梭梭根系很难再往下继续生长，水平横向竞争达到饱和，侧根生长明显受到抑制有关。

5个年龄段总生物量的年均增速分别为16.94g/a、625.25g/a、222.23g/a、1344.47g/a、799.37g/a，总生物量一直处于增长状态，10年期增速达到最大值，12年总生物量增速明显减缓，生长明显受抑制，这可能与营养空间饱和，根系生长明显受抑制有关。

总生物量、地上生物量、地下生物量曲线模型相关系数R^2分别为0.3077、0.6008、0.7306，说明它们的增长速率在统计学上都是以幂函数模式增长的，地下生物量和地上生物量增长模型相关系数更高，拟合度更好，总生物量相关系数略低可能与生长受抑制有关。

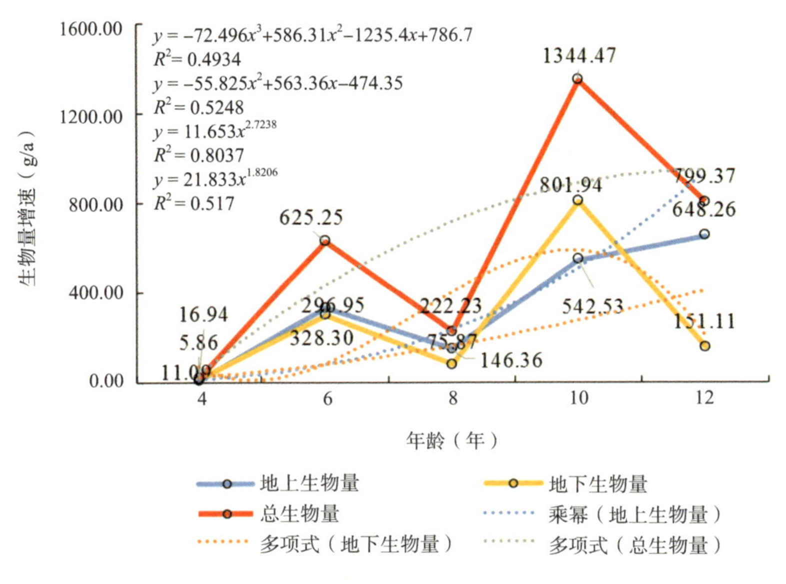

图 5-16　不同林龄梭梭生物量年增量比较

5.5.7　各器官及单株生物量建模

（1）梭梭生物量直接建模

根据调查因子地径、树高、冠幅、年龄分别与地上生物量、地下生物量、单株总生物量直接建立增长模型，并选择 R^2 最高的模型作为每个参数和生物量的模型。由表 5-9 可知，通过比较相关因子 R^2 的大小，发现地径＜树高＜冠幅＜年龄，梭梭生物量与年龄关系最密切，其次是冠幅和树高。

表 5-9　梭梭生物量增长模型

参数因子	生物量生长模型		样本量（n）	R^2
地径（mm）	地上生物量	$y = 0.3498x^{2.5632}$	20	0.7121
	地下生物量	$y = 1.4555x^{2.0117}$	20	0.6527
	总生物量	$y = 1.4664x^{2.2883}$	20	0.6936
树高（cm）	地上生物量	$y = 0.0003x^{3.1333}$	20	0.9373
	地下生物量	$y = 0.0046x^{2.521}$	20	0.9029
	总生物量	$y = 0.0025x^{2.8281}$	20	0.9332

（续）

参数因子	生物量生长模型		样本量（n）	R^2
冠幅（cm）	地上生物量	$y=0.00002x^{3.7579}$	20	0.9582
	地下生物量	$y=0.0005x^{3.0037}$	20	0.9108
	总生物量	$y=0.0002x^{3.3753}$	20	0.9446
年龄（年）	地上生物量	$y=33.328x^2-152.62x+147.29$	20	0.9873
	地下生物量	$y=6.3805x^2-108.08x-425.66$	20	0.9051
	总生物量	$y=39.708x^2-44.543x-278.37$	20	0.9660

（2）梭梭生物量加上预估丢失生物量建模

根据调查因子地径、树高、冠幅、年龄以及根系的长度、两端直径、鲜重、样品干鲜比估算地下生物量丢失部分，分别与地上生物量、地下生物量、单株总生物量直接建立增长模型，并选择 R^2 最高的模型作为每个参数和生物量的模型，由表 5-10 可知，通过比较相关因子 R^2 的大小，发现地径＜树高＜冠幅＜年龄，梭梭生物量与年龄关系最密切，其次是冠幅和树高。

表 5-10　梭梭生物量增长模型

参数因子	生物量生长模型		样本量（n）	R^2
地径（mm）	细枝	$y=0.1934x^{2.5591}$	20	0.6340
	干枝	—	—	—
	中枝	$y=0.1465x^{2.4913}$	20	0.7225
	粗枝	$y=4.8681x^2-266.02x+3854.6$	20	0.8412
	主根	$y=1.2091x^{1.9411}$	20	0.6512
地径（mm）	侧根	$y=0.7556x^{2.0702}$	20	0.5165
	地上	$y=0.444x^{2.516}$	20	0.6936
	地下	$y=2.2464x^{1.9662}$	20	0.5858
	总生物量	$y=2.3149x^{2.1991}$	20	0.6441
树高（cm）	细枝	$y=0.00008x^{3.2971}$	20	0.8815
	干枝	—	—	—
	中枝	$y=0.0002x^{3.053}$	20	0.9088
	粗枝	$y=0.0026x^3-0.9991x^2+131.31x-5596.3$	20	0.7997
	主根	$y=0.0034x^{2.5001}$	20	0.9048
	侧根	$y=0.0003x^{2.9876}$	20	0.9011

（续）

参数因子	生物量生长模型		样本量（n）	R^2
树高（cm）	地上	$y=0.0003x^{3.1753}$	20	0.9254
	地下	$y=0.0026x^{2.7052}$	20	0.9289
	总生物量	$y=0.0002x^{3.4421}$	20	0.9516
冠幅（cm）	细枝	$y=0.000005x^{3.8981}$	20	0.8870
	干枝	–	–	–
	中枝	$y=0.000009x^{3.6709}$	20	0.9460
	粗枝	$y=7.0071e^{0.0271x}$	20	0.6749
	主根	$y=0.0003x^{3.0006}$	20	0.9383
	侧根	$y=0.00003x^{3.4879}$	20	0.8842
	地上	$y=0.00002x^{3.7906}$	20	0.9494
	地下	$y=0.0003x^{3.1934}$	20	0.9318
	总生物量	$y=0.0002x^{3.421}$	20	0.9516
年龄（年）	细枝	$y=13.07x^2-32.238x+15.026$	20	0.9527
	干枝	$y=0.0159x^{3.6477}$	20	0.8346
	中枝	$y=9.1561x^2-26.188x-20.364$	20	0.9929
	粗枝	$y=15.431x^2-159.44x+394.93$	20	0.9991
	主根	$y=4.1618x^2+74.653x-319.62$	20	0.9772
	侧根	$y=0.1018x^{4.0262}$	20	0.9213
	地上	$y=148.01x^2-84.114x+41.877$	20	0.9889
	地下	$y=60.136x^{2.5316}$	20	0.9445
	总生物量	$y=210.07x^2+249.46x-328.96$	20	0.9754

（3）不同林龄梭梭林各器官碳含量

不同林龄梭梭林各器官碳含量整体上进行纵向比较发现，随着年龄的增长变化差异比较大，主干、细枝、细干枝随着林龄增长呈现递增趋势；中枝、侧根碳含量呈现先增加后减小的趋势，其中中枝 8 年增到最大然后开始减小，侧根 6 年增到最大，然后随林龄增加而略有减小的趋势；主根呈现先增加到 6 年最大，然后略有减小，到 12 年碳含量有所回升。

梭梭各器官碳含量分布详见图 5-17，整体上横向比较碳含量平均值为主干 > 中枝 > 侧根 > 主根 > 细干枝 > 细枝。主干碳含量最大，介于 46.83%~47.94%，平均值为 47.21%；其次是中枝碳含量，介于 43.81%~48.33%，平均值为 46.34%；然后是侧根，碳含量值介于 42.09%~44.78%，平均值为 43.55%；主根位居第 4，介于 40.71%~45.70%，平均值为 43.29%；细干枝碳含量较小位居第 5，介于 37.80%~46.72%，平均值为 42.93%；细枝的碳含量最小，介于 32.96%~43.90%，平均值为 40.27%。

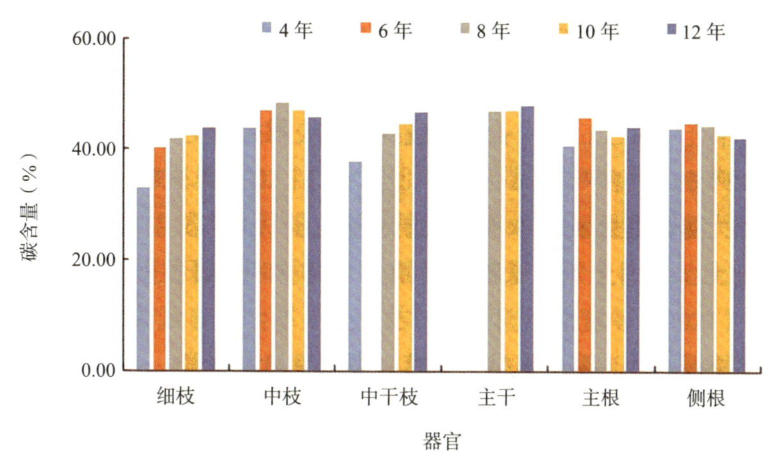

图 5-17　不同林龄梭梭林各器官碳含量

（4）不同林龄梭梭林各器官及单株碳储量

根据年龄和单株各器官碳储量平均值得到图 5-18，可知随着年龄的增长梭梭各器官细枝、中枝、粗枝、主根呈现逐渐增加的趋势，而干枝和侧根则呈现先增加后减小的趋势。

4 年生梭梭细枝、干枝、中枝、主根、侧根 5 个梭梭器官碳储量分别为 3.25g、195.77g、217.72g、383.00g、689.40g，地下主根和侧根碳储量远大于地上，说明梭梭在幼龄林阶段是根系迅速生长阶段，地下主根和侧根碳储量增长率远大于地上细枝、干枝、中枝。

6 年生梭梭 5 个器官碳储量比 4 年生分别增长了 5929.94%、-100%、2014.50%、1363.20%、1578.30%，除干枝外细枝、中枝、主根、侧根碳储量都增长迅速，这可能是由于地下主根和侧根根系在幼龄林阶段构建完成，为梭梭各器官生长提供了充足的条件，另一方面可能是地下营养空间充足，所以梭梭生长迅速。

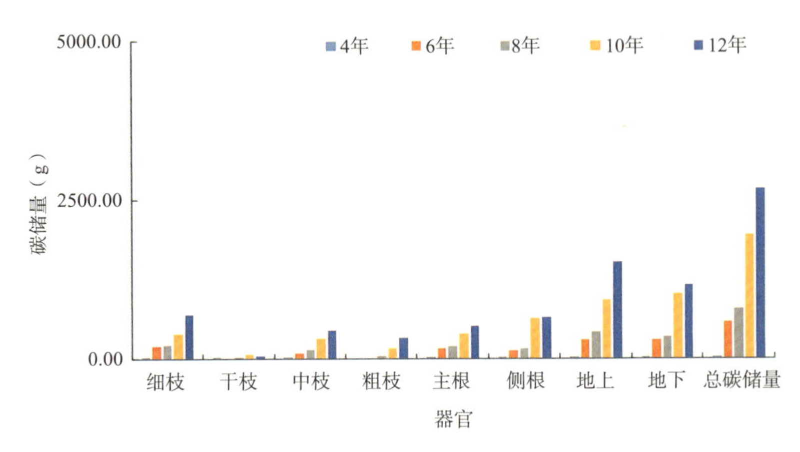

图 5-18　不同梭梭林各器官碳储量

8 年梭梭细枝、中枝、主根、侧根 4 个器官碳储量比 6 年生分别增长了 11.22%、67.26%、21.92%、17.59%，除干枝外各器官碳储量增长率较 4~6 年生长阶段明显下降，侧根升值出现了负增长现象，原因可能是一方面梭梭营养竞争加剧，营养空间相对缩小，碳储量增长率减缓；另一方面可能与气候干旱降水量降低，为躲避枯水年的旱季梭梭放弃一部分枝条的抗旱策略有关系，或者枯枝增多是由于枯水年降水量无法满足梭梭继续生长的需求致使一部分枝条干枯。这里值得一提的是 8 年生梭梭开始出现粗枝，或者说直径大于 2 cm 的枝干，木质化程度更高更粗的枝条出现，说明梭梭碳储量增长进入了一个新阶段。

10 年梭梭细枝、干枝、中枝、粗枝、主根、侧根 6 个器官碳储量比 8 年生分别增长了 75.91%、461.14%、105.46%、191.73%、97.25%、316.60%，梭梭又进入新的一轮迅速生长阶段，但增长率涨幅没有 4~8 年的大，其中侧根最大，这可能与梭梭解锁新的营养空间释放了生长力有关，干枝增长也同样增大，说明梭梭在生长的同时凋落衰老速度也在加剧。

12 年梭梭 6 个器官碳储量比 10 年生分别增长了 80.00%、–41.40%、45.19%、120.49%、33.82%、1.61%，此阶段各器官增长明显减缓，干枝甚至出现了负增长，侧根虽未进入负增长但增幅也明显减小，可能与营养竞争白热化有关，而 3~4 m 为硬砂岩层，其质地坚硬挖机都无法下挖，根系很难向下生长，根系生长明显受抑制，进而减缓了梭梭侧根碳储量增长。然而，硬砂岩层也成为隔水层，虽然侧根向下无法生长，但并不影响吸收水分，所以其他器官碳储量增长并未因侧根碳储量生长受到抑制。值得注意的一点是，此处的盐分积累较多，以致侧根为自我保护形成一层白色的盐套，这可能是在吸收水分的过程中逐渐累积而成的。

小于6年的梭梭树枝基径< 2cm，当梭梭达到8年以上树枝基径才能达到2cm，形成粗枝碳储量达到52.90g；10年梭梭粗枝比8年增长了191.73%，进入迅速积累阶段；12年梭梭粗枝比10年增长了120.49%，增速有所减缓，但碳储量仍在迅速增加。

5.5.8 不同林龄梭梭林碳储量

（1）不同林龄梭梭林植物碳储量

根据每个年龄段株行距和种植面积的乘积得到各年龄段的种植株数，然后根据种植株数与保存率的乘积得到各年龄段保存株数，再根据保存株数与单株碳储量的乘积得到各年龄段的碳储量。由表5–11可知，梭梭人工林2012—2020年总碳储量为365.14万t，年碳储量增加115.43万t，总碳汇量即总固定的CO_2量为1338.79万t，每年固定CO_2的量为423.22万t。按照2023年8月16日碳交易市场价格70元/t计算，梭梭人工林植物固碳效益约为2.56亿元，每年固碳效益约为8079.97万元。

表5-11 不同梭梭林碳储量、碳汇量

造林时间	林龄（年）	面积（hm^2）	保存棵数	单株碳储量（kg）	单株碳汇量（kg）	总碳储量（万t）	碳储量年增量（万t）	碳汇量（万t）	年碳汇（万t）
2012	12	1337.87	44328350	2.6791	9.8233	11.88	1.64	43.54	6.02
2013	11	3430.33	197521135	2.7248	9.9901	53.82	14.83	197.32	54.36
2014	10	3260.53	205742175	1.9387	7.1085	39.89	11.91	146.25	43.68
2015	9	9471.2	604122489	1.2237	4.4863	73.92	23.40	271.03	85.79
2016	8	18391.73	882683710	0.7806	2.8622	68.90	9.10	252.64	33.37
2017	7	11822.8	740796469	0.4490	1.6462	33.26	12.29	121.95	45.04
2018	6	12646.4	1239397202	0.5744	2.1061	71.19	33.89	261.03	124.25
2019	5	15333.33	878428134	0.1173	0.4300	10.30	7.88	37.78	28.89
2020	4	3260.53	717280291	0.0276	0.1011	1.98	0.49	7.25	1.81
合计	—	78954.73	5510299955	—	—	365.14	115.43	1338.79	423.22

（2）不同林龄梭梭林样地土壤碳储量

梭梭林土壤碳储量约为132.07万t，年碳储量约为19.77万t，固定CO_2总量为 484.26 万 t，每年可固定 CO_2 的量为 72.47 万 t。按照 70 元 /t 计算，梭梭林土壤固碳效益为 9245.01 万元，平均每年土壤固碳 1383.58 万元。各林龄梭梭土壤碳储量，见表 5–12。

表 5-12　各林龄土壤碳储量

造林时间	林龄（年）	土壤碳储量（kg/m^2）	面积（hm^2）	各林龄土壤碳储量（万 t）	年碳储量（万 t）	固定 CO_2（万 t）	年碳储量（万 t）
2012	12	1.58	1337.87	2.12	0.18	7.77	0.65
2013	11	1.07	3430.33	3.68	0.33	13.48	1.23
2014	10	0.88	3260.53	2.88	0.29	10.55	1.06
2015	9	1.30	9471.2	12.33	1.37	45.22	5.02
2016	8	1.91	18391.73	35.07	4.38	128.58	16.07
2017	7	1.97	11822.8	23.30	3.33	85.43	12.20
2018	6	1.88	12646.4	23.77	3.96	87.14	14.52
2019	5	1.71	15333.33	26.19	5.24	96.05	19.21
2020	4	0.84	3260.53	2.74	0.68	10.04	2.51
合计	—	—	78954.72	132.07	19.77	484.26	72.47

（3）不同林龄梭梭及土壤总碳储量和固碳效益

梭梭林植物及土壤碳储量约为 497.21 万 t，年碳储量约为 135.19 万 t，固定 CO_2 总量为 1823.05 万 t，每年可固定 CO_2 的量为 495.69 万 t。按照最新碳交易价格 70 元 /t 计算，梭梭林植物及土壤固碳效益为 3.48 亿元，平均每年植物及土壤固碳效益为 9463.55 万元。各林龄梭梭植物及土壤碳储量和固碳效益，见表 5–13。

表 5-13　梭梭林植物及土壤碳储量及碳效益

造林时间	总碳储量（万 t）	年碳储量（万 t）	固定 CO_2 总量（万 t）	年固定 CO_2 量（万 t）	总效益（万元）	年效益（万元）
2012	13.99	1.82	51.31	6.66	979.64	127.23
2013	57.50	15.16	210.80	55.58	4024.74	1061.18
2014	42.76	12.20	156.80	44.74	2993.53	854.09
2015	86.26	24.77	316.25	90.82	6037.99	1733.90
2016	103.97	13.48	381.22	49.44	7277.88	943.90

（续）

造林时间	总碳储量（万 t）	年碳储量（万 t）	固定 CO_2 总量（万 t）	年固定 CO_2 量（万 t）	总效益（万元）	年效益（万元）
2017	56.56	15.61	207.38	57.25	3959.22	1093.02
2018	94.95	37.85	348.17	138.77	6646.84	2649.27
2019	36.50	13.12	133.82	48.10	2554.87	918.42
2020	4.72	1.18	17.29	4.32	330.16	82.54
合计	497.21	135.19	1823.05	495.69	34804.88	9463.55

栽植梭梭林能显著影响风速，2012 年栽植的梭梭林防风效能最高，平均防风效能高达 61.31%。2020 年栽植的梭梭林防风效能最低，仅有 15.82%。随着栽植年限的增加，防风效能增强。栽植梭梭后降低了近地表沙尘通量，导致林内降尘量较低，滞尘能力增强。栽植年限越长，梭梭林固沙量越大，固沙效果越显著。2012 年、2013 年、2014 年、2015 年、2016 年、2017 年、2018 年、2019 年和 2020 年栽植梭梭林研究期内年总固沙量分别为 327.45t/（km^2·a）、230.59t/（km^2·a）、164.93t/（km^2·a）、124.94t/（km^2·a）、109.58t/（km^2·a）、91.65t/（km^2·a）、47.17t/（km^2·a）、36.61t/（km^2·a）、28.41t/（km^2·a）。根据市场调查取值沙尘清理费用为 230.8 元 /t，因此可通过防风固沙价值量公式计算出 2012 年、2013 年、2014 年、2015 年、2016 年、2017 年、2018 年、2019 年和 2020 年栽植梭梭林年防风固沙价值分别为 75575 元 /（km^2·a）、53221 元 /（km^2·a）、38066 元 /（km^2·a）、28836 元 /（km^2·a）、25291 元 /（km^2·a）、21153 元 /（km^2·a）、10886 元 /（km^2·a）、8448 元 /（km^2·a）、6557 元 /（km^2·a）。研究期内，栽植梭梭产生的防风固沙总价值为 3422.72 万元。

梭梭人工林地区的自然条件极其恶劣，尤其是地表干旱、降水量少、光照强烈、蒸发量大、土壤贫瘠等因素的影响，导致植物的生活型组成相对于其他地区更为简单，主要以灌木、多年生草本以及一年生草本为主，除了梭梭未见到其他乔木。可以发现，灌木和草本是梭梭人工林中的主要植物类型，因为灌木和草本具有较强的适应性和生长能力，可以在较为恶劣的环境下生存。

第6章 农田防护林区

6.1 概述

农田防护林具有的防风固沙作用，为农业生产提供了良好的生产环境，农业耕种灌溉施肥反哺林业，促进了健康林业发展，而林业与灌溉渠道紧密结合，在行水灌溉的同时也对树木进行了灌溉，使树木水分获取以黄河水地表径流灌溉为主，地下水有益补充，如此便形成了黄灌为主、林农互补、水盐平衡、绿色环保、生态和谐、可持续发展的磴口灌溉式林农种植业治沙模式。

曹新孙（1968）对农田防护林给出了明确的定义：为了防止自然灾害，改善气候、土壤、水文条件，创造有利于农作物和牲畜生长繁育的环境，以保证农牧业稳产高产，并对人民生活能够提供多种效用的人工林生态系统。

在此基础上本书对绿洲农田防护林作如下定义：为防止风沙、干热风等自然灾害，改善气候、土壤、水文条件，创造有利于绿洲人居、农作物、牲畜繁育的环境，以保证绿洲农牧业稳产高产，改善人居环境，并能为人民生活提供多种生态服务功能的绿洲人工林生态系统。

绿洲农田防护林的形式大致有3种：第一种是林带的形式，即在农田四周营造的带状林分，林带往往在农田之中交织成网，称为绿洲农田防护林网。这种形式在国内外应用得最普遍，磴口目前主要也是这种类型。第二种是农林间作的形式，即在农田内部间种树木，其株行距均较大，近于散生状态。在磴口、临河、五原等地区常见于退耕还林项目2m×2m×8m的结构中。我国华北有些地区采用泡桐、椿树、枣树、柿树等在农田中间作；非洲塞内加尔采用合欢树间作于小麦与花生田之中。第三种是林岛的形式，即树丛或小片林。俄罗斯西西伯利亚疏林草地带星罗棋布地分布着面积 0.5~1.5hm^2 的这种林岛式防护林。

6.2 防护林建设的意义

我国华北、西北干旱沙区光热资源丰富。局部土壤条件较好、灌溉相对便利的沙漠边缘区形成了规模宏大的绿洲体系。由于沙区气候干旱多风、地表风沙活动频繁，风沙灾害成为绿洲区的主要自然灾害。建立配置合理的绿洲防护林体系是有效防治风沙灾害、保证绿洲经济持续稳定发展和沙区人民正常生产生活秩序的有效手段（赵英铭等，2009）。

对于干旱区而言，95% 的人口和产值都集中在绿洲，而绿洲农田防护林又是绿洲防护林体系的主体，发挥着重要的生态服务功能，包括防风固沙、保护农田、改善人居环境、改良土壤、森林固碳、木材产出、涵养水源、增加生物多样性、旅游休闲休憩场所、为动植物、微生物提供食物来源和栖息地等，它是绿洲可持续稳定发展的关键，通常与农业灌溉系统紧密结合。绿洲农田防护林是磴口模式中防风固沙保护农田防护林体系中最核心的部分，因树高较大、下垫面粗糙度大，对近地面风沙流起到较大的阻挡作用，才有了较远的防护距离，才得以进行农业耕种，以免受风沙打苗、风蚀、沙埋等风沙危害。

所以，绿洲农田防护林的营建对于绿洲而言，关系到绿洲能否可持续绿色发展，是绿洲生态系统中最重要的生物因素，对于绿洲具有非常重要的作用。

6.2.1 防治荒漠化

土地荒漠化是指人类历史时期以来，由于人类不合理的经济活动和脆弱生态环境相互作用造成土地生产力下降、土地资源丧失、地表呈现类似荒漠景观的土地退化过程（朱震达，1998；姜凤岐等，2003），主要表现为干旱、风沙危害和水土流失（姜凤岐等，2009）。

土地荒漠化的发生、发展及其逆转是气候、环境和人类社会经济活动综合作用的结果，已成为危及人类生存与社会经济可持续发展的重大生态环境问题（姜凤岐等，2003）。全世界约 1/3 的陆地面积和 1/6 的人口受到土地荒漠化影响，全球每年新增土地荒漠化面积为 5 万 ~7 万 km^2，造成的直接经济损失约为 430 亿美元（孙技星等，2021）。我国是世界上荒漠化面积较大、受影响人口较多、受风沙危害和水土流失较重的国家之一，根据第五次全国荒漠化和沙化监测结果

（2016 年），全国荒漠化土地面积 261.16 万 km^2，沙化土地面积 172.12 万 km^2，分别占国土总面积的 27.2% 和 17.9%。以“三北”地区为主体的中国土地荒漠化的进展速度长期处于攀升态势，21 世纪虽有所减缓但仍在高位运行。以“三北”地区沙漠化为例，该区沙漠化土地面积在 1978—2000 年一直处于增加状态，至 2000 年沙漠化土地面积达到峰值（由 1978 年的 31.1 万 km^2 到 2000 年的 37.6 万 km^2），之后开始出现减少趋势，2017 年沙漠化面积仍为 35.8 万 km^2（朱教君等，2019）。再如，科尔沁沙地沙化土地面积占科尔沁沙地总土地面积的比例，从 20 世纪 50 年代的 22% 一路攀升到 80 年代的 48% 和 90 年代的 54%（姜凤岐，2011），直到 21 世纪初才有所缓解。目前仍在急剧扩张的甘肃民勤和内蒙古呼伦贝尔沙地，环境恶化形势严峻（姜凤岐等，2009）。进入 21 世纪以来，尽管我国荒漠化土地面积持续减少，但土地荒漠化问题依然严重，防治形势仍然严峻。

土壤侵蚀（主要为风蚀和水蚀）是导致土地荒漠化的主要原因，而防护林是控制土壤侵蚀有效的手段之一。由于防护林可以改变下垫面粗糙度，使地表空气层的物理状态发生剧烈变化，形成特有的热力和动力效应，对于调节微气候环境起着决定性作用（姜凤岐等，2003）。在沙漠化危害较为严重的地区，建立防护林，恢复沙区植被，固定流动沙丘，控制沙漠化蔓延，不仅能有效减缓风速、固定流沙，而且对沙地水资源状况有一定的改善作用。营建防护林是防治流沙、改造利用沙地的根本途径，也是在沙区保护农牧业生产和林业建设的重点工作（朱教君等，2016）。对于水蚀，防护林通过林冠截留和枯枝落叶层吸水，能够减缓地表径流速度，推迟地表径流形成时间，提高土壤的入渗性能，从而降低径流量和产沙量；同时，根系对土壤颗粒的缠绕固结作用可提高土壤抗径流冲刷能力（周忠学等，2005）。在水蚀荒漠化严重地区，建立防护林能够有效控制土壤侵蚀，改善生态环境，这已成为防治水蚀荒漠化的根本措施。以“三北”工程的作用为例，经过 40 年的防护林建设，“三北”地区沙化土地呈现出由扩展到缩减的逆转态势。1999 年以前沙化土地呈现“整体扩展，局部好转”的态势，整体上处于扩展状态。2000 年以后，沙化地面积逐渐缩减，呈现“整体遏制，重点治理区加快好转”的态势。1999—2014 年，工程沙化土地面积净减 1.77 万 km^2；2000—2017 年，沙漠化（不分等级）面积减少 1.81 万 km^2，沙漠化程度发生了重要变化（沙漠化土地划分为轻度、中度、重度、极重度），极重度、重度沙漠化面积分别减少了 39.7 万 km^2 和 0.92 万 km^2，中度、轻度沙漠化面积分别增加 0.69 万 km^2 和 2.4 万 km^2（朱教君等，2019）。同样，40 年水土流失区森林（水土保持林）面积增加 69.23%（由 1725 万 hm^2 增加至 2918 万 hm^2），水土流面积由 67.16 万 km^2 减少至 22.45 万 km^2（减少 66.58%），特别是剧烈、极强度、强度和中水土流失面积分别减少了 87.87%、93.69%、95.76% 和 92.46%。在黄土高原等重点水土流失区，筑起日益完备的水土保持生态屏障，土壤侵蚀模数大幅下降（朱教君等，2019）。

6.2.2 保障农牧业稳产高产

防护林（带）可缩小农牧区近地层气温和土壤温度的变化幅度，对水资源状况（如蒸发、湿度、水平降水等）有重要影响，为农作物生长提供较好的温度、湿度等小气候条件；同时，可减少近地面沙尘暴、干热风、霜冻等自然灾害对农牧业生产的危害（姜凤岐等，2003；朱教君等，2016）。在农业生态系统中，作物生长发育过程受到微气候环境的影响，而微气候是作物所处的环境变量的复合体，包括土壤环境、气候环境（温度、辐射、湿度和风等）。作物生长环境各因子是“偶联”的，这是由动量、能量和物质的变换引起的，其中一个因子的变化会导致另外因子的相应变化，这种偶联关系主要有两种类型：辐射偶联（光能变化引起）、扩散偶联（养分、水蒸气、CO_2 穿越植物边界层交换作用）。微气候因子对作物生理生态过程中的光合作用、呼吸作用、蒸腾和物质运输等的影响最终会影响作物的生产力（姜凤岐等，2003）。

防护林（带）促进农牧业高产稳产的案例很多，以“三北”工程为例，经过 40 年建设，“三北”地区基本建成了庇护农田高产稳产的农田防护林体系，有效防护的农田面积达 3021 万 hm^2，比工程启动之初（1978 年）增加了 4.2 倍（朱教君等，2019）。农田防护林对高、中、低产区粮食的增产率分别达 4.7%、4.3% 和 9.5%（Zheng et al.，2016）。40 年，农田防护林使“三北”工程防护区粮食产量累计增产 4.23 亿 t，年均增产 1058 万 t（朱教君等，2019）。农田防护林林网可以改善生态环境、优化作物生长环境条件，对作物生长环境具有明显的影响。在新疆，农田防护林能够使平原农区风速降低 45%~55%，空气相对湿度提高 5%~19%，减少水分蒸发 20%~30%，小麦千粒重提高 2~3g（梁宝君，2007）。在防护林（带）的庇护下，牧草可增产 43%~60%（Bid，1998），牧草叶片质量明显得到提高（周新华等，1990），玉米产量提高 2.4%~9.5%（Zheng et al.，2016），小麦产量平均提高 4.7%（孙宏义等，2010），林网内的作物产量一般可比空旷区增产 34.2% 左右（姜凤岐等，2003）。

6.2.3 保护水土资源（涵养水源）

洪水与干旱是全球影响范围很广、对人类的生存与发展危害非常严重的自然灾害（朱教君等，2016）。然而，受全球气候变化的影响，干旱和洪水等与水有关的灾害在全球范围频繁发生，影响范围逐渐扩大，影响程度逐渐加深。自2000 年以来，与洪水有关的灾害较前 20 年增加了 134%，干旱的发生次数和持续时间也增加了 29%。据统计，1975—2005 年全世界有 50.8% 人口受洪水影响，33.1% 人口受干旱影响（ADRC，2006）。2000—2018 年，全球受洪水影响人口增加 5800 万 ~8600 万人，增幅为 20%~24%（Tellman et al.，2021）。世界气象组织《2019 年全球气候状况声明》报道，2019 年在印度、尼泊尔、孟加拉国和缅甸等国家发生的各种洪灾事件中，已有超过 2200 人丧生。营建或规划（天然林）防护林是防御与减轻水旱灾害的重要途径。防护林可涵养水源，保护土壤，减少土壤侵蚀，避免江河湖库的泥沙淤积，提高水利设施的效用，防护作用表现为减小降水对土壤的直接冲击，减弱地表径流对土壤侵蚀的动能。由于防护林改变了降水的分配形式，其林冠层、林下草层、枯枝落叶层、林地土壤层等通过拦截、吸收、蓄积降水，起到保持水土、涵养水源的作用（姜凤岐等，2003；朱教君等，2016）。

森林水文学研究表明，森林通过林冠截留、枯枝落叶层吸收、土壤蓄水和渗透过滤，改变降水的分配比例，从而起到阻滞洪水的作用（朱教君等，2016）。根据对 175 个流域长期观测的水文数据研究表明，森林覆盖率为 100% 的条件下，森林减少洪水模数最大值为 0.4，洪峰值被削弱 50%（Alila et al.，2009）。在黄土高原地区，有林区与无林区比较，有林区的洪峰流量模数要比无林区小几十倍，洪峰流量减小 71.4%~94.3%（金栋梁等，2013）。在四川涪江流域（森林覆盖率为 12.3%）洪峰径流比降水量相似的沱江流域（森林覆盖率为 5.4%）少约 30%，而后者径流系数（59.7%）是前者的 1.3 倍（宋子刚，2007）。位于美国北卡罗来纳州的 Coweeta 被认为是世界上持续研究历史最长的集水区，相关研究结果表明，清除森林会增加约 15% 的平均水流量和洪峰流量（Swank et al.，1988）。

森林对河川径流的影响主要表现在影响径流总量和调节径流分配两个方面。森林对河川径流的调节作用在于削减洪峰流量、推迟洪峰到来时间、增加枯水期流量、减小洪枯比。在径流场观测小尺度上，对比防护林地与草地径流场的最大洪峰量、洪峰出现时间的观测结果，表明防护林地径流场降水时形成的最大洪峰量比草地的下降幅度大，减少范围为 54.1%~89.5%，同时可以推迟洪峰时间 5~20 分钟（刘世荣等，1996）。在黄土高原丘陵沟壑区，水土保持林区在丰水年、平水年和枯水年的径流系数比无水土保持林区分别减少 50%、85% 和 90%（张晓明等，2005）。森林覆盖率的变化会对小溪流域洪水特性产生一定影响，森林覆盖率越大，影响效果越明显。相比无森林覆盖条件，森林覆盖率达到最大（100%）时减小洪峰流量约 132%，延缓洪峰到达时间约 4 小时，延长洪水历时约 13 小时；当森林覆盖率低于 40% 时，森林对洪峰的削减作用非常有限；当森林覆盖率大于 40% 时，森林覆盖率平均每增长 10%，可削减洪峰流量约 2%（姚原等，2020）。

6.2.4 缓解全球气候变化

以大气 CO_2 浓度增加、全球变暖为主要特征的全球气候变化，正在改变着陆地生态系统的结构和功能，威胁着人类的生存与发展，已受到世界各国政府的高度关注。森林作为陆地生态系统的主体，是陆地生态系统最大的碳库，在调节全球碳平衡和减缓大气中 CO_2 等温室气体浓度上升，以及维持全球气候稳定等方面具有不可替代的作用（周国逸，2016）。森林通过光合作用吸收了大气中的 CO_2，通过光合作用转变为糖、氧气和有机物，为自身的枝叶、茎根、果实、种子的生长提供基本的物质和能量来源。这一过程就产生了森林固碳效果，也就是通常所说的森林的碳汇（朱教君等，2016）。防护林的营建增加了森林碳汇，成为减缓气候变化的根本所在。已有研究表明，全球陆地约 80% 的地上碳储量和 40% 的地下碳储量集中在森林生态系统（Goodale et al.，2002）。Fang 等（2018）研究表明，2001—2010 年我国陆地生态系统年均固碳量 2.01 亿 t，可抵消同期化石燃料碳排放的 14.1%，其中森林的贡献约为 80%。2000—2010 年，我国天然林保护工程、退牧还草工程、“三北”工程（四期）、京津风沙源治理工程、退耕还林工程、长江及珠江防护林建设（二期）的实施，使重大生态工程区内生态系统碳储量增加到 1.50PgC（1PgC=105gC=10 亿 tC），年均碳汇功能达到 132TgC/a（1TgC=1012gC=100 万 tC），抵消了同期我国化石燃料燃烧 CO_2 排放的 9.4%（Lu et al.，2018）。根据“三北”工程 40 年评估结果，随着森林面积逐步增加、森林质量不断提高，40 年森林累计增加活生物碳储量约 13 亿 t、土壤碳储量 7 亿 t、生态效应总固碳量 3 亿 t，40 年“三北”工程固定 CO_2 量可抵消同期（1980—2015 年）中国工业 CO_2 排放量的约 5%（Sun et al.，2016；朱教君等，2019）。因此，营建防护林、推动防护林生态工程发展，是我国实现碳中和目标的主要途径之一，对于美丽中国和生态文明建设具有重要意义。

6.3 农田防护林树种筛选

6.3.1 抗旱、寒等优良生态适应性的树种筛选

早期的绿洲农田防护林树种筛选优良树种的原则主要是基于干旱区第一限制因子水分制约因子（即抗旱性），以及能否越冬（即抗寒性筛选）此基础上，筛选速生性强、干形优良、冠幅较窄的树种，以筛选驯化出生长迅速、短期内就可产生防风效益、出材率高、胁地较轻的优良树种。本着这个原则，20 世纪 80 年代，磴口县沙林中心引入了二白杨、小美旱杨（*Populus simonii*）、箭杆杨、新疆杨、俄罗斯杨（*Populus russkii*）、意大利杨‘I-214’（*Populus×canadensis*‘I-214’）、优胜杨（*Populus deltoides*）、美洲黑杨（*Populus deltoides*）、旱柳、垂柳（*Salix babylonica*）、榆、沙枣、杜梨（*Pyrus betulifolia*）、中国沙棘（*Hippophae rhamnoides* subsp. *sinensis*）等，当然也采用了乡土树种胡杨派的胡杨和青杨派的小叶杨作为造林树种。

绿洲农田防护林防护效果与树高成正相关，树越高，近地面贴地层风速越大防风效果越好，反之，则差。所以，在诸多树种中杨树脱颖而出，因其树木高大防风效果较好、防护距离较远，便可以与农业紧密结合，形成农林复合系统，所以杨树目前仍是“三北”防护林不可替代的造林树种。

经过 40 多年筛选出新疆杨为最优树种，其在大田造林过程中表现出抗旱、抗寒、耐盐碱、速生性强、成活率高、冠形窄、胁地轻、一定抗虫性、造林成本低、出材率高、外观优美等优良特性，并入选《抗光肩星天牛树种的林业行业标准》（曲涛等，2011），成为目前乃至今后“三北”地区尤其是西北、华北干旱半干旱区不可替代的主要造林树种之一。

然而，新疆杨在扦插育苗时需要倒插催根，增加了育苗人工费用，胸径处并非规整的圆形，大大降低了旋切板材出材率。而小美旱杨是母本小叶杨和父本美洲黑杨和旱柳的混合花粉杂交种，继承了小叶杨优良的生态适应性和美洲黑杨的速生性，极易扦插育苗，大大降低了造林成本，而且胸径处接近圆形，旋切板材

出材率高，故巴彦淖尔市地方林业部门造林多选用小美旱杨作为防护林造林的主要树种之一。

6.3.2 抗光肩星天牛的树种筛选

光肩星天牛（*Anoplophora glabripennis*）是我国西北绿洲防护林等人工林中危害最严重的蛀干害虫。在严重发生地区，该害虫于 20 世纪 50 年代毁灭了箭杆杨（*Populus nigra* var. *thevestina*），60 年代毁灭了欧美杨（*P. xewamericana*）和小叶杨（*P. simonii*），70 年代又使大官杨（*P.* × *dakuanensis*）遭到毁灭（张克斌等，1984）。进入 20 世纪 80 年代以后，宁夏发生了严重的光肩星天牛危害，导致银川平原杨树人工林大面积死亡；随后这一灾情还向内蒙古河套平原蔓延，危害严重。目前这一害虫已进一步扩散至甘肃河西走廊和新疆的绿洲区域。1996 年，美国首次在纽约州检测到光肩星天牛，1998 年该虫在伊利诺伊州、2002 年在新泽西州暴发，其后奥地利、日本、加拿大、法国、德国和意大利等国相继检测到该虫（Haack et al.，2006；Haack et al.，2010），使其成为国际检疫对象（王志刚等，2018）。

从防治对策来看，光肩星天牛属于“k”对策类害虫，应以营林措施为主进行综合治理。因此，研究树种对光肩星天牛的抗性，是选择营林树种和进行综合治理最基本的一环（张克斌等，1984）。杨树、柳树、榆树是光肩星天牛的主要寄主树种，其中杨树的抗虫性总体上好于柳树和榆树，且杨树更为速生、高大，是营建绿洲防护林的首选乔木树种（王志刚等，2018）。

我国本土杨树中，以青杨派（*Tacamahaca*）、黑杨派（*Aigeiros*）树种受光肩星天牛危害最为严重，而白杨派（*Leuce*）的毛白杨（*P. tomentosa*）、河北杨（*P. hopeiensis*）、新疆杨、银白杨（*P. alba*）等受害相对轻些（王希蒙等，1987；杨雪彦等，1991）。特别是毛白杨很少受光肩星天牛危害，其抗性好于银白杨，可能与其树皮中氨基酸、糖类等营养物质含量低以及酚酸、酚甙等生理抑制物质的种类和含量有关（王蕤等，1995）。

从国外引进的杨树品种中，许多黑杨派品种（主要是美洲黑杨）对光肩星天牛表现出较高抗性，如‘I–69’杨（*P. deltoides* ‘Lux’）、‘I–72’杨（*P.* × *euramericana* ‘SanMartino’）、‘50’杨（*P. deltoides* ‘55/65’）、‘36’杨（*P. deltoides* ‘2KEN8’）、‘I–63’杨（*P. deltoides* ‘Harvard’）等（周章义等，1994）。1985 年中国林业科学研究院以‘I–69’杨为母本、‘I–63’杨为父本，培育出抗云斑天牛（*Batocera horsfieldi*）品

种——'南抗'杨（*P. deltoides* 'Nankang-1'）（王建园等，1992）。

在我国西北地区，毛白杨、'I-69'杨、'南抗'杨等抗虫树种（品种）因耐寒性不足而难以推广。高抗品种的缺乏使得西北绿洲区面临光肩星天牛成灾的巨大压力。

我国现行林业行业标准《光肩星天牛防治技术规程》（曲涛等，2011）仅明确毛白杨、河北杨、新疆杨等为西北干旱区防护林的主栽树种（抗性树种）。在西北地区，毛白杨、河北杨生长高度较低，繁殖难度大，实际应用不多；而新疆杨则是应用最多的抗性树种，也是西北地区栽培规模最大的白杨派树种。当有感虫树种存在时，光肩星天牛一般不会危害新疆杨；但在虫口密度过大的混交林或纯林中，新疆杨也会遭受严重危害。比如，当伴有毛白杨等树种时，新疆杨的抗虫性较弱，受害程度上升较快，从而成为诱虫树（宝山等，1999）。总体上看，在"三北"各地，尤其是西北地区，几乎很难找到不受光肩星天牛侵害的杨树；但因众所周知的优良特性，杨树仍将是"三北"地区的主要造林树种（张星耀等，2003）。

'北抗'杨（*P. deltoids* 'Beikang'）是韩一凡课题组利用'南抗'杨和北方型美洲黑杨'D175'杨（*P. deltoides* '175'）为亲本进行杂交，为我国西部地区培育的综合抗逆性杨树新品种。研究认为，在致伤条件下酚甙类物质增多是'北抗'杨等美洲黑杨抗虫性的主要机制（房建军等，2002；胡建军，2002），'北抗'杨对光肩星天牛抗性远高于'中林46'杨（*P.* × *euramericana* 'Zhonglin-46'）等黑杨派对照品种，但与白杨派树种的抗虫性差异尚无报道。《光肩星天牛防治技术规程》未将'北抗'杨等黑杨派品种列为主栽树种，一定程度上限制了'北抗'杨等抗虫新品种的推广应用。

'北抗'杨对光肩星天牛的抗性是否高于新疆杨，成为评价'北抗'杨在西北绿洲区是否具有应用价值的关键。

杨树对光肩星天牛的抗性，可分为对成虫在不同树种间选择补充营养和产卵寄主的抗性（选择抗性）、单一树种对幼虫发育为下一代成虫的抗性（发育抗性）以及受害后维持生长和继续发挥生态效益的能力（耐害性）。由于绝大多数树种的选择抗性与发育抗性基本一致，一般认为是"亲代为子代严格选好居所"（张星耀等，2003），以往的研究工作很少将抗性的具体含义加以区分。前期以田间调查为基础进行选择抗性排序的工作很多（秦锡祥等，1985）；在此基础上秦锡祥等（1996）在山东临沂利用抗性树种和营林措施结合、河北农业大学在秦皇岛海滨林场开展的“树种合作防御天牛危害的宏观模式”（阎浚杰等，1999）、北京林业大学与宁夏林业局在农田防护林改造中的“多树种合理配置抗御杨树天牛灾害模式”（温俊宝等，2006；吴斌等，2006）等研究都取得了有虫不成灾的效果，但选择抗性的应用效果依赖于对诱饵树的严格管理和对虫源的严格检疫，实践中很难在地广人稀、劳动力紧缺的地区做到持久而严格的管理，存在失控的风险，因诱饵树管理失控或选择抗性树种营造纯林导致的光肩星天牛危害严重的后果屡见不鲜。树种的发育抗性报道不多，李丰等（1999）对几个树种在自然条件下受光肩星天牛危害情况的研究表明，沙枣、欧洲三倍体山杨（*P. tremula*）、‘中林 115’杨（*P.* × *euramericana*‘Zhonglin-115’）、‘中林 34 号’杨（*P.* × *euramericana*‘Zhonglin-34’）具有诱杀功能，光肩星天牛产卵后不能完成羽化（沙枣已发现有羽化孔），表现出很好的发育抗性和耐害性；但有研究表明‘中林 34 号’杨对光肩星天牛的抗性很弱（蔡玉成等，1999）。沙枣吸引天牛产卵的程度与高感虫树种加杨相差无几，沙枣行间混交对小叶杨林带具有保护作用（田润民等，2003）。耐害性方面未见文献报道。

1999 年，韩一凡课题组赠予一沙林中心‘北抗’杨家系 6 个优选无性系（16-4、16-8、16-17、16-18、16-22、16-27），用于长周期生产性试验。小规模扩繁后，从 2003 年开始，逐步向光肩星天牛疫区投放试材。

实验地位于磴口县城区中国林业科学研究院沙漠林业实验中心机关院内，南北宽 160m、东西长 170m。该地块原有树种较为丰富，光肩星天牛免疫树种 15 种，呈镶嵌分布；光肩星天牛寄主树种 8 种，以垂柳、胡杨和新疆杨为多。1988 年首次发现光肩星天牛在垂柳上发生危害，1993 年淘汰了大量垂柳；1995 年淘汰了箭杆杨；2002 年补充毛白杨 4 株；2005 年在南侧幼儿园小院相对集中地补充了新疆杨 18 株；2011 年淘汰了胡杨，在北侧停车场相对集中地补充了‘北抗’杨（16-27）50 株；2012 年补充金叶榆（*Ulmus pumila*‘Jinye’）30 株、毛白杨 1 株；2015 年补充‘创新’杨（*P. deltoides*‘Chuangxin’）1 株。保留金叶榆及零星的白榆（*U. pumila*）、垂柳以维持虫口稳定，保留各时期新疆杨与‘北抗’杨作对照（王志刚等，2018）。

2003 年布置第一批参试材料 11 份：‘北抗’杨家系 6 个无性系（16-4、16-8、16-17、16-18、16-22、16-27）；银中杨 [*P. alba* ×（*P.* × *berolinensis*）]；抗鳞翅目食叶害虫‘转 Bt 基因欧黑 12 号’（*P. nigra*‘Bt-12’）；美青杨杂种（*P. deltoides* × *cathayana*）3 个无性系（3-69、93 美 8-6、64 号）。每份材料 3 株。

造林苗木除银中杨为 2 年生外，其余均为 1 年生。苗木平均胸径为 2cm 左右（王志刚等，2018）。

2006 年布置第二批参试材料 7 份：新疆杨；'110' 杨（*P.* × *euramericana* '110'）、'OP-367' 杨（*P. deltoides* × *nigra* 'OP-367'）、'Simplot' 杨（*P. deltoides* × *nigra* 'Simplot'）、'306-45' 杨（*P. trichocarpa* × *nigra* '306-45'）、'DN-34' 杨（*P. deltoides* × *nigra* 'DN-34'）、'荷兰速生' 杨（*P.* × *euramericana* 'N3930'）。每份材料 3 株。造林苗木除新疆杨为 3 年生外，其余均为 2 年生。苗木胸径平均为 3cm 左右。'110''OP-367''Simplot''DN-34''荷兰速生' 杨因光肩星天牛重度危害已经逐年枯死淘汰；'306-45' 仅存 1 株，中度枯梢（王志刚等，2018）。

截至 2017 年，2003 年和 2006 年布置的生长较快的品种 ['110' 杨、'转 Be 基因欧黑 12 号''北抗杨'（16-27、16-22、16-4、16-8）] 已经达到单板旋切材工艺要求的成熟度，可作为完整生产周期的实验结果对待（王志刚等，2018）。

2013 年春季在巴彦淖尔市临河区（地点 Ⅰ）、磴口县（地点 Ⅱ）、杭锦后旗（地点 Ⅲ）各投放 1000 株 '北抗' 杨，开展疫区扩大实验，对照为新疆杨。苗木均为 3 年生，胸径不小于 3cm，造林时截干高度 2.5m（王志刚等，2018）。

2015 年踏查已见少量光肩星天牛产卵，未见羽化孔，未做详细调查。

2016 年 9 月 8 日对试验地内 '北抗' 杨和新疆杨上的光肩星天牛受害孔数、羽化孔数进行抽样调查，每个地点、树种各调查 200 株，合计调查 '北抗' 杨、新疆杨各 600 株。其中，受害孔数为新旧受害孔的累积值；受害孔包括简单刻槽、排粪孔、幼虫取食形成的掌状陷落斑。

2017 年 8 月 28 日踏查发现产卵部位已经上移，难以在地面上准确计量受害孔数；但羽化孔位置仍较低，可准确观察到。因而未做受害孔数调查，只调查 2017 年的新羽化孔数。抽样样本与 2016 年一致。

对新疆杨、'北抗' 杨受害孔累积数进行 t 测验，评估树种间选择抗性的差异；对树种间、年度间羽化孔数量进行 t 测验，评估树种间虫口演进的差异。

根据光肩星天牛在寄主内部活动的规律及形成的虫道形态较为简单的特点，尝试通过解剖被害木虫道、判读产卵刻槽和羽化孔数，以新疆杨和 '北抗' 杨上光肩星天牛的羽化率来评价比较其发育抗性强弱。因初步解剖发现新疆杨受害木的虫道特征与已有文献存在明显差异，为了解差异是否存在普遍性，还解剖了少量垂柳、二白杨、金叶榆的受害木虫道作为对比。

选取受光肩星天牛危害多年、产卵量大（目测树皮粗糙、有明显瘤疖状增粗）但尚未枯梢的受害木大枝，舍去产卵较少的细梢，按厚度 1.5cm 左右锯切成圆盘标本并顺序编号，清理虫道中的虫粪、幼虫和成虫残体等残留物，遇到残体及时标记，判读大枝上累年产卵刻槽、羽化孔并顺序编号。简单产卵刻槽在切面上为“T”字形，平行于年轮的一横为产卵刻槽破坏的形成层，向外的一竖为破损面愈合时形成的夹缝。简单产卵刻槽在切面上最多，是空刻槽、卵未孵化或孵化后幼虫很快死亡的遗迹。幼虫取食、排粪后的产卵刻槽往往破损较严重，需结合虫道仔细判读。羽化孔的判读较为简单，均在扩大的蛹室上方通向皮外，蛹室残留物很少；陈旧羽化孔愈合后向内有愈伤组织形成的肉芽状填堵物，向外对应的皮层上一般都遗留有整齐的圆孔或圆孔被粗生长纵向胀裂成 2 个半圆的痕迹。陈旧的羽化孔愈合时在上下 2 个端面也会留下“T”字形愈合痕迹，可结合虫道与简单产卵刻槽区别判读。

解剖发现，小幼虫的取食部位在不同树种上有所不同。垂柳、二白杨、金叶榆、‘北抗’杨上的小幼虫先取食形成层和韧皮部，每个完整虫道起点都有对应的树皮掌状凹陷面，与以往文献描述无异。新疆杨上的 152 个完整虫道只有 37 个起点有掌状凹陷面，不足总数的 1/4。以虫道起点形态来判断，新疆杨上的小幼虫大多数不取食形成层和韧皮部，而直接开始取食贴近形成层的幼嫩木质部，虫道起点只有产卵刻槽大小的破损面。

由于大多数光肩星天牛在新疆杨树皮上危害时破损面小、容易愈合，所以即使是虫口密度很大、被害部位明显膨大的受害木，树皮仍然相对完整。这一现象的后果，不利方面是新疆杨上的光肩星天牛疫情比在其他树种上更具隐蔽性；有利方面在于形成层很少被破坏，能够继续分生木质部，使新生的木质部维持完整的管状结构，力学稳定性好，同时皮层较为完整有利于保持水分，受害木不易发生枯梢、断枝，外观和防护效益损失较小，显示了较好的抗虫性。

小幼虫在‘北抗’杨上先取食形成层和韧皮部，造成伤流和小幼虫排粪，小幼虫死亡后树皮上形成掌状凹陷面，愈合后留下明显隆起的愈合痕，所以在疫区投放的‘北抗’杨比新疆杨早期外观受害更明显，容易被误认为抗性不强。长期处于高虫口密度的环境中，树皮上累积的愈合痕对冬季观赏性损害明显，夏季有树叶遮挡，景观损害不明显。

新疆杨上害虫总体羽化率达 25.8%，‘北抗’杨上总体羽化率为 0.25%。与新疆杨相比，‘北抗’杨上的光肩星天牛羽化出成虫是小概率事件（王志刚等，2018）。

王志刚等（2018）早年曾观察到在初植的幼树上，光肩星天牛成虫更倾向于在‘北抗’杨上产卵，而新疆杨幼树上只有少数的产卵痕。经历多年危害后，2005年集中栽植于南侧幼儿园小院的18株新疆杨枝干上羽化孔多见，5株出现重度枯梢；而2003年栽植于大院中部的18株‘北抗’杨和2011年集中栽植于大院北侧的50株‘北抗’杨羽化孔少见，未见枯梢。解剖结果发现，‘北抗’杨样木长度、粗度远大于新疆杨，产卵刻槽数却少于新疆杨，可能是新疆杨上光肩星天牛繁殖速度快、成虫不善于迁移、后期形成了局部高虫口密度，而‘北抗’杨上羽化出孔的成虫极少、后期局部虫口密度低造成的。

新疆杨的抗性表现在2个方面：一是树皮对光肩星天牛成虫产卵的选择抗性比感虫树种强，在感虫树种或诱饵树存在、虫口密度不大时成虫很少在新疆杨上产卵，但当虫口密度发展到一定程度时选择抗性失效；二是小幼虫很少取食形成层和韧皮部，多数直接取食木质部完成后续生活史，树皮伤痕小，新生木质部维持了管状结构、力学性能稳定，具有较好的耐害性。但由于新疆杨木质部营养能够较好地满足光肩星天牛从小幼虫到成虫羽化出孔各个阶段的需求，羽化率高，在无人为干预的情况下虫口密度累进增大，纯林抗性不能持久，受害多年后出现枯梢，木质部虫道密布，木材只能破碎为低价值的纤维或作燃料利用。

‘北抗’杨的抗性表现为皮层和木质部营养对光肩星天牛从小幼虫到成虫羽化出孔各个阶段都存在很强的发育抗性，成虫羽化率极低，虫口密度主要靠外界成虫迁入维持，纯林抗性持久稳定。‘北抗’杨在无人为干预的情况下被害木木质部内虫道很少见，木材尚可作板材、方木或旋切芯板利用。若以高品质旋切面板为培育目标，则需要对林地周围的天牛虫源进行清理或控制。

‘北抗’杨6个优选无性系之间对光肩星天牛抗性未发现明显差异，均极少出现羽化孔。造林应用时可根据性别、干形和速生性的需求选择不同无性系。比如，以快速绿化为目标，可选用速生性最好的16–27无性系（即北抗杨1号，雄性）；农田防护林可选干形好、高生长最大的16–4无性系（雌性）；兼顾干形和不飞絮，可选16–8无性系（雄性）。

6.3.3 抗盐碱的树种筛选

抗盐乔木树种主要有胡杨、小胡杨（*Populus simonii* × *P. euphratica*）、新疆

杨、垂柳、旱柳、刺槐（*Robinia pseudoacacia*）、槐（*Styphnolobium japonicum*）、沙枣、杜梨、樟子松（*Pinus sylvestris* var. *mongholica*）、榆等，抗盐灌木树种主要有短穗柽柳（*Tamarix laxa*）、甘蒙柽柳、柽柳、西伯利亚白刺、盐爪爪、柠条锦鸡儿、狭叶锦鸡儿（*Caragana stenophylla*）、矮脚锦鸡儿（*Caragana brachypoda*）、霸王、梭梭等。

就乔木而言耐盐性是相对的，随着树木的增长，耐盐性也随之增强，盐分代谢能力也随之增强，随着树木生物量的增大，存储富集的盐分也越来越多。

6.4 防护林构建及配置模式

6.4.1 林带结构

6.4.1.1 林带冬季相立木疏透度及其设计方法的研究

我国北方干旱沙区，主要自然灾害是风沙危害。我国沙区的风沙活动都以春季为最强，春季作物播种和苗期易受风沙危害。这时杨、柳等树种尚未展叶，仍处在冬季相。因此研究林带冬季相结构及其设计方法是十分有益的（王志刚，1995，1998）。

林带结构的描述一般使用疏透度。这个指标直观形象，其评价指标已有许多学者给出较一致的解答，可以简便地用于林带结构评价，却难于指导规划设计。

我国学者将立木疏透度定义为林带单位纵断面积上所拥有的立木总表面积，认为它能较好地描述林带对气流的阻挡和摩擦作用，较贴切地反映了林带防风效应的机理（曹新孙，1983），但受测算方法的局限，未得到深入研究和广泛使用。

王志刚（1998）导出了林带冬季相立木疏透度与疏透度的近似换算关系，从而得到了立木疏透度的近似评价指标。研究林带立木疏透度与林木生长、林带设计参数的关系，给出了林带冬季相结构设计的一种简便方法（表 6-1）。

表 6-1 疏透度 β 与立木疏透度 S' 的换算关系

β	0.05	0.10	0.15	0.20	0.25	0.30	0.35	0.40	0.45	0.50
S'	9.41	7.23	5.96	5.06	4.36	3.78	3.30	2.88	2.51	2.18

β	0.55	0.60	0.65	0.70	0.75	0.80	0.85	0.90	0.95
S'	1.88	1.60	1.35	1.12	0.90	0.70	0.51	0.33	0.16

立木疏透度计算公式：

$$S'=kSL/HG \quad (6-1)$$

式中，k 为林带行数；S 为单树冠立木总表面积（m^2）；L 为株距（m）；HG 为冠长（m）。

新疆杨、二白杨（*P. gansuensis*）、旱柳、白榆、沙枣、杜梨（*Pyrusbetulaefolia*）6 个树种的 S 与 D_0 相关关系式，见表 6–2。

表 6-2　单树冠立木总表面积（S，m^2）与冠基径（D_0，cm）关系

树种	关系式	相关系数	组数（n）
新疆杨	$S = 0.0218D_0^{2.60}$	0.994	52
二白杨	$S = 0.0189D_0^{2.87}$	0.994	47
旱柳	$S = 0.0596D_0^{2.61}$	0.996	49
白榆	$S = 0.0527D_0^{2.50}$	0.991	104
沙枣	$S = 0.0782D_0^{2.56}$	0.995	47
杜梨	$S = 0.0630D_0^{2.43}$	0.993	73

6.4.1.2　林带冬季相结构参数及透风系数的算法推导

在农田防护林的所有功能中，防风效应是最关键的功能。防护林的结构决定其功能，有关林带结构和防风效应关系的研究一直受到重视。早期的研究者将林带的结构定性地描述为紧密、疏透、通风 3 种类型及其过渡类型（曹新孙，1983），定量描述使用最早、最多的是疏透度（也称透光疏透度）；单纯使用定性描述和脱离定性描述单纯使用疏透度描述林带结构都不够准确，使用类型和疏透度相结合的描述方法较好地解决了林带结构的描述问题。早期的疏透度测定主要依靠目测，误差较大，所得研究结果重复性差；随着数字技术的进步，疏透度的精准测量有了便捷的方法（Kenney et al.，1987；周新华等，1992；关文彬等，2002）。

评价林带防风效应优劣的重要参数是透风系数。用透风系数评价林带防风效应的优劣是准确稳定的，而用结构类型或疏透度直接评价防风效应则不够稳定，如疏透度相同的疏透结构林带和通风结构林带防风效应有明显的差异，而透风系数相同的疏透结构林带和通风结构林带具有相似的防风效应（朱廷曜等，2001）。但透风系数的直接测定比较困难，在生产实践上应用受到一定限制。朱廷曜等（2001）从 20 世纪 60 年代开始用风洞模拟和野外观测相结合研究疏透度与透风

系数的关系，并与国内外同行取得的研究结果对比，经多次实验修正得到了结构较为均一的窄林带疏透度和透风系数具有很好的换算关系，给疏透度赋予了动力学的意义，为利用疏透度进行林带防风效应评价提供了可能，在林带防风效应结构评价方面走出了最有价值的一步。

由于人们长期忽视了疏透度和透风系数运算特征的研究，描述林带结构和防风效应特性最经典、最可靠的参数——透风系数在林带结构设计和管理实践中没有得到充分利用；用最直观易测的结构参数——疏透度来描述林带结构特征的合理性受到怀疑（Torita et al.，2007）。因而脱离疏透度提出新的林带结构参数并在新参数基础上建立新的运算方法层出不穷，如曹新孙等（1983）于1964年提出“立木疏透度”、周士威等（1987）提出“隙高比”、朱廷曜等（2004）提出“林带地上生物体积密度”、Zhou等（2002，2008）提出“表面积密度”和“体积密度”，范志平等（2010）对北京杨（*Populus × beijingensis*）林带的表面积密度和体积密度做了详细的三维解析。

王志刚等（1995）从沙区防护林建设的实际需要出发，认识到以林带结构和防风效应运算指导林带结构设计的重要性。由林带断空形成的二项式概率推演了基于一定保存率的完整连续林带应有的最佳设计行数（王志刚等，1991）；由树体表面积解析入手，利用二项式概率原理推演出立木疏透度与疏透度的近似换算关系，证明了二者之间的同质性，找到了幼龄期林带冬季相结构设计的简便方法（王志刚等，1998），受到同行认可（马玉明等，2004；卢琦等，2000），并在实际工作中得到应用。

我国林业行业标准《绿洲防护林体系建设技术规程（LY/T 1682—2006）》采用透风系数作为评价林带防风效应结构优劣的参数，但未注明透风系数的算法和所对应的季相，降低了规程的可操作性。这说明，在林带防风效应结构和评价参数的算法问题上，学术界并未达成共识，也说明解决这一问题是当前我国农田防护林建设和经营管理之急需。

王志刚等（2012）从林带结构参数——疏透度 β、立木表面积疏透度 S'、立木体积疏透度 V'、地上生物表面积密度 C、地上生物体积密度 W 的定义和运算关系出发，推演出冬季相林带结构参数之间以及它们与林带透风系数 α、林带宽度 D、枝条平均直径 d 的相互关系，探讨通过结构参数运算取得林带防风效应评价参数——透风系数的适用算法，以满足北方干旱区防护林冬季相结构设计、经营管理的实际工作需要。其表达式：

$$W=V'D=14\mathrm{d}C=\mathrm{d}S'4D=-\pi\mathrm{dln}\beta 4D=-0.1\pi\mathrm{dln}\alpha \quad (6\text{–}2)$$

该公式是对几个主要结构参数之间具有同质性的证明，说明不同结构参数概念具有本质上的继承性和一致性，不存在严格意义上的排他性，在一定条件下是可以换算的，为林带防风效应评价运算提供了方便，是一组适合我国北方干旱风沙区农田防护林带防风效应评价的运算公式。

6.4.2 林网区防风效应

6.4.2.1 绿洲林网区上层动力速度与防风效应估算

为准确评估大范围绿洲防护林对上层气流动力速度的影响，赵英铭等（2013）推导了利用阻力平衡法测定上层气流相对动力速度的公式，在几何结构不同的4个网格进行了实测估算，同时利用磴口荒漠生态定位站48m通量塔风速数据拟合估算，得到4、5月大风时段防护林健全的绿洲区内部上层相对动力速度 $V'_*=V_*/V_{*0}$，约为1.3。分析了绿洲防护林边缘区和内部上层动力速度变化的力学机制、防护林树高以下动力速度的构成因素，给出绿洲区地面阻力评价的方法，并以贴地层相对风速 γ 为目标参数构建了大范围绿洲区防风效应评价的近似计算公式 $\gamma=V'\times\alpha\sqrt{\frac{2l}{2\alpha^2 l+(1-\alpha^2)A^2}}$。表达了透风系数 α、以树高倍数表示的林带间距 l、对照区树高以下平均风速与动力速度之比值 A 与林网区整体防风效应的关系。

6.4.2.2 我国北方绿洲防护林冬季相防风效应的估算

利用常规统计数据估算农业绿洲区防风效应，有助于正确评价防风效应水平，可为制订切实的经营对策提供方便。

（1）典型农业绿洲区县防风效益估算

以2010年内蒙古巴彦淖尔市所属临河区、五原县、磴口县的人工林蓄积量和农田面积为基础数据，进行贴地层相对风速的估算。这3个区（县）的农田和乔木人工林全部在河套平原灌溉农业区内，其地理环境为沙漠背景，绿洲在20世纪60年代兴修三盛公水利工程后开始大规模开发或改造形成，乔木人工林蓄积量统计数据全部为农田防护林，多选用杨树为主栽树种（王志刚等，2014）。

临河区、五原县、磴口县的人工林蓄积量和农田面积统计数据分别为897945.9m^3、10.35万hm^2，659411.5m^3、10.41万hm^2，503275.6m^3、4.35万hm^2。将统计数据换算成本书所需的单位进制，并计算立木总蓄积量与耕地面积之比 x，临河区、五原县、磴口县的 x 值分别为8.6730 m^3/hm^2、6.3344 m^3/hm^2、

11.5607m^3/hm^2。将以上 x 值代入修枝强度中等的防风效应换算公式，可得临河区、五原县、磴口县的贴地层相对风速 γ 分别为 0.833、0.867、0.798。计算结果表明，由于防护林的作用，三区县林网区冬春季贴地层风速分别降低 16.7%、13.3%、20.2%（王志刚等，2014）。

（2）“三北”地区防护林冬季相防风效应估算

据统计（梁宝君，2007），“三北”地区农田防护林活立木蓄积量为 1.68 亿 m^3，被庇护农田 1922.93 万 hm^2。其中处于西北沙区的黄河河套平原区（含宁夏银川平原和内蒙古河套平原、土默川平原）活立木蓄积量 467.73 万 m^3，被林网庇护的农田面积 75.98 万 hm^2；河西走廊和新疆绿洲农区活立木蓄积量 3574.65 万 m^3，被庇护农田面积 225.36 万 hm^2。计算立木总蓄积量与耕地面积之比 x，可得到“三北”地区、黄河河套平原区、河西走廊和新疆绿洲农区的 x 值分别为 8.737、6.156、15.862。将以上 x 值代入修枝强度中等的防风效应换算公式，可得“三北”地区、黄河河套平原区、河西走廊和新疆绿洲农区的贴地层相对风速 γ 分别为 0.832、0.870、0.757。计算结果表明，由于防护林的作用，“三北”地区、黄河河套平原区、河西走廊和新疆绿洲农区林网区冬春季贴地层风速分别降低 16.8%、13.0%、24.4%（王志刚等，2014a）。

（3）我国北方绿洲防护林冬季相防风效应的评价

从计算结果来看，“三北”地区防护林整体蓄积存量不足，继续增大蓄积存量还存在着较大的防风效应增益空间，需要调动各方面的积极性（特别是农民的积极性），继续加大防护林建设投入力度。“三北”地区各个片区的防护林建设水平很不均衡，即使在同一地理单元和地市级行政区内的各个县也很不均衡，需要区分各地的风力和防护林建设情况进行具体的规划。就目前防护林防风效应水平来看，不足以达到很好地抑制沙尘活动的效果；“三北”地区除林网化区域外，尚有较大面积裸耕地未实现林网化，林网化区域蓄积存量不足和未经林网化耕地的存在是我国北方春季沙尘活动仍很频繁的重要因素（王志刚等，2014）。

6.4.3 绿洲防护林经营与管理

6.4.3.1 立木蓄积量指数的存量管理

为解决林权制度改革后绿洲区农民经营防护林的成本效益均衡问题，从绿洲防护林结构和防风效应的原理出发，推演大范围绿洲防护林结构管理的要点，提出适用于农村产权制度的绿洲防护林防风效应评价参数——立木蓄积量指数（王志刚等，2014b）。

立木蓄积量指数定义为单位面积土地所拥有的立木蓄积量，与立木表面积指数的定义相对应，二者与防风效应的关系具有一致性。

立木蓄积量指数用来表达绿洲防护林防风效应的优劣是贴切的。树木个体越大、保存株数越多，防护作用越好，立木蓄积量指数也就越大。它不排斥林带和林网结构的合理化，在具体的林带和林网规划上，仍然以窄林带（单行或 2 行、小株距）、小网格（林带间距为 10~15 倍树高）为佳，林带的连续性和合理的带间距仍然是林网区防风效应的重要因素，但不必与农田发生争地矛盾，而是可以充分利用渠旁、路旁、宅旁、地埂空地建设防护林体系。

立木蓄积量指数是一个十分容易取得的参数，在规模化的绿洲区，防护林蓄积量是常规森林资源统计的重要指标，耕地面积是常规农业、水利统计指标，利用“防护林蓄积量 / 耕地面积 = 立木蓄积量指数”，很容易得出每一户农民、每个村、乡、县的立木蓄积量指数，用于防护林建设水平的评价（若进行防风效应估算，须注意耕地面积与总土地面积的折算）。例如，2010 年内蒙古河套平原内的临河区立木蓄积量为 8.6730m^3/hm^2，五原县为 6.3344m^3/hm^2，磴口县为 11.5607m^3/hm^2，可以直观地看出磴口县防护林建设水平高于临河区和五原县。

立木蓄积量指数在采伐管制方面应用也十分方便。林权到户后，可以通过地方立法程序，采用存量管制的方法，保持合理存量、放活余量。如河套地区一户农民提出采伐申请，乡林业站对该户农民的耕地面积和防护林蓄积量进行核查，利用自主采伐的余量 = 现存蓄积量 − 合理存量，很容易得到最大办证限额。这种存量管制模式既能克服单纯按用材林成熟采伐模式管理脱离防风效应目标的不足，也能克服过去防护林采伐管制过于严苛、农民完全没有自主采伐权、经营积极性缺失的不足，还能强化农民建设防护林的责任意识，是林权制度改革后绿洲防护林采伐管制制度值得尝试的改革思路。

立木蓄积量指数体现了绿洲防护林成本和效益均等化原则，与林业补贴、惠农政策补贴挂钩，是符合新林权制度下农村防护林动态管理需要的一个实用参数。每户农民都能按耕地面积承担相应的防护林建设任务和成本，充分利用渠旁、路旁、宅旁、地埂栽种防护林，保持合理的存量，选用良种壮苗、加强水肥和修枝管理，提高木材生长量和品质，通过销售余量木材和领取与存量挂钩的惠农补贴取得相应的利益。这样，农村防护林才能持久地发挥正常防护效益。

立木蓄积量指数通俗易懂，如“平均每公顷农田需要 15m^3 防护林蓄积量”，农民是可以直观理解的，若将防护林建设列入村规民约，能起到十分重要的作用。与传统防护林理论中疏透度、透风系数、立木疏透度、立木生物体积密度等参数相比，立木蓄积量指数更容易被基层管理人员和农民理解掌握，也能够更准确地反映绿洲区防风效应水平，计算方法简单，基础数据（耕地面积、防护林蓄积量）容易获取，且为常规统计指标，因而具有很好的应用价值。建议各地根据具体风力状况探讨合理的立木蓄积量指数，并应用这一实用参数进行绿洲防护林建设和管理。

6.4.3.2 减负放权，促进绿洲防护林健康发展

当前，我国林业分类经营还处于探索阶段，林业政策体系已越来越不适应市场经济发展的需要。因此，认真分析林业被动局面所形成的政策原因对形成全面细致的分类经营政策体系是十分有益的。绿洲防护林因其效益明显、对象明确、经济关系清楚而有很强的政策敏感性，充分认识其政策缺陷，合理调整有关政策，将有助于绿洲防护林的健康发展和主导效益的充分发挥（王志刚等，2000）。

我国西北、华北荒漠、半荒漠地区，地域广阔，人口相对稀疏，光热资源极为丰富，但风沙灾害较为频繁。因此，集中利用有限水资源在局部土壤条件优越、灌溉相对便利的地区建设人工绿洲，是解决我国人多地少的矛盾、缓和农产品紧张局面的重要途径，也是维护本地区生态平衡、改善生态环境的重要手段。我国是人工绿洲面积最大的国家之一，较大规模的人工绿洲主要集中在河套平原、宁夏平原、河西走廊、新疆两大盆地边缘等地，近年来新建较大规模的人工绿洲有乌兰布和沙漠东北部绿洲、腾格里沙漠孪井滩绿洲、甘肃景泰绿洲，新疆北部新绿洲等。在我们这样一个风沙灾害普遍的国家，它们都发挥着非常重要的防护作用，因此更好地经营绿洲防护林至关重要。

（1）绿洲防护林的作用特性

绿洲防护林是绿洲得以稳定存在的生态屏障，又是构成绿洲景观的主要因素，它对形成绿洲小气候、改善生态环境、保障农业稳产高产起着非常重要的作用。风沙危害是我国北方干旱沙区的主要自然灾害，尤其在绿洲防护林体系不够完善的地段，风沙活动更为强烈。在风蚀部位，沙层干燥迅速，种子常被吹露地表而“吊死”；在积沙部位，因埋压太深而不易出苗，幼苗出土后如遇风沙流，则极易被打死，导致大幅度减产；有些地区常因沙害不得不改种或晚播，甚至屡种屡败，严重影响了正常的种植秩序和经济效益（王志刚，1994）。

绿洲防护林的主要作用是抵挡风沙。根据对绿洲防护林防护效益和沙区气候

的研究，在我国北方沙区，风沙活动最强的春季恰是作物种苗期。在这一时期种苗抗风沙能力较弱，作为绿洲防护林主要树种的杨树或柳树也尚未展叶或叶量极少，较夏季相更容易透风，因此，在设计和经营中应使绿洲防护林在冬季相状态下拥有足够好的防护效益。研究表明：在我国沙区风动力状态下，绿洲防护林降低风速达 50% 时防护效果较好，风影部位地表免受风蚀，相应林带间距是 12~14 倍树高。对防护林结构的研究表明：林带单位纵断面上所拥有的立木总表面积能够较好地描述林带对气流的阻挡和摩擦作用，较贴切地反映林带防风效应的机理。根据这一命题演绎推理出良好防风效益的林带（疏透度 0.25~0.35）单位纵断面上拥有的立木总表面积应在 3.3~4.4m^2，实践中林带冬季相结构往往过于稀疏，只需控制在 3.3m^2 左右即可，这时单位土地面积上拥有的立木总表面积则在 0.3m^2 左右。各地风力状况有一定差异，其数值也应有不同，即绿洲防护林为确保其生态效益必须具有一定的规模，且这一规模是可量化的——单位土地面积上拥有的立木总表面积。过小则不能提供足够好的防护效益，从而影响到作物的产量，过大则必然增加经营成本。在当前绿洲防护林直接效益较低的情况下，也不宜使绿洲防护林占地过大。

（2）影响当地绿洲防护林发展的主要政策缺陷

①过重的税费和税外负担导致经济活力丧失。在北方干旱风沙区，没有绿洲防护林就无法从事农业生产。而且绿洲防护林树种多采用杨、柳，因为在北方地区只有杨、柳生长迅速且长得高大，可以保证较大带间距时防护效果良好。但绿洲防护林本身的木材产值低，经济效益差，就目前经营水平看，年生长量可达 4.5~10.5m^3/hm^2，按现行价格计算为 900~3000 元 /hm^2，是经营粮食作物产出水平的 20%~40%。因绿洲防护林一般不予施肥，管理用工也少，尚可抵消成本，但我国在林业方面的税费总水平较高，许多地方高达 50%（肖平等，1999），经营者在纳税时蒙受经济损失，营林积极性严重受挫。我国国家税制已逐步转向以增值税和所得税并重的双主体制，而林业税收仍以重额的特产税为主，这不利于林业生产与经营，而且纳税人的税外负担也越来越重，各种提留、摊派及林业经费实质上是一种税负，其负担额往往超过农林特产税税负，同时，多头征收多种名目的税费，其管理成本也相当高，特别是税费使用上的漏出现象十分严重。这是群众造林积极性不高的重要原因之一，从而导致绿洲防护林依靠政策性投资营造，形成以工程造林为主的被动局面。

②过强的政府行为导致生态更加脆弱。由于当前工程造林项目周期较短，一

般都直接从造林起算，而不考虑育苗周期，使得国有苗圃和育苗户的育苗计划带有很大的盲目性，苗木价格涨落无度，数量丰歉无常，品种和规格也难以达到设计要求，而且大规模远距离调运苗木增加了运输成本，降低了造林成活率，使病虫害得以远距离扩散。以河套平原为例，20 世纪 80 年代初每株小美旱杨苗木价格为 0.1 元，新疆杨为 0.15 元，至 1990 年苗木过剩，许多国有苗圃和育苗户将过剩的苗木挖出作薪材，随后造林需苗量大增，原有苗圃和育苗户由于种条缺乏难以恢复育苗工作，造成苗源紧张，价格飞涨，1995 年至今每株新疆杨的价格维持在 2.5 元左右，扣除物价上涨因素比 20 世纪 80 年代初净增 1 倍有余。在苗木价格拉动下，苗贩远距离调运大量苗木使光肩星天牛得以蔓延。根据生态学原理，以自然村为单位的岛状林网格局对病虫害有一定程度的隔离作用（光肩星天牛成虫 1 次飞翔距离一般不超过 50m），但政府行为下的造林工程则多为线状分布（如绿色通道工程等），这给病虫害传播提供了更大可能。另外，偏重于形象工程设计使树种越造越纯、格式越造越整齐、生态越来越脆弱。宁夏平原第 1 代绿洲防护林受天牛危害大面积砍伐后，第 2 代却迟迟不能发挥效益，形成较大范围的绿洲防护林断档。为了提高抗虫性起用槐、臭椿（*Ailanthus altissima*）等害虫忌避树种，但这些树种的生长速度和高度难以满足防护效益的要求，毛白杨、抗虫转基因杨树品种也未能及时跟上生产需要，导致生态更加脆弱。

③过死的管制方式限制科技水平的发挥。我国对绿洲防护林采伐的管制基本上是参照用材林模式运行的，即达到成熟龄以后才逐渐开始采伐，但实际操作时限额控制比用材林还要严。如果绿洲防护林为谋求早期防护效益而规划较大比例的林地，到后期会出现占地面积过大、胁地严重、效益低下等问题。各级政府为实现“林地面积和蓄积量双增长”，严格控制采伐规模并且规定必须在第 2 年完成更新任务，林地地力得不到恢复。一般而言，连茬种植杨树纯林导致地力衰退，第 2 茬生长量只能达到前茬的 30%~60% 萌蘖更新和嫁接更新，只能维持 2 年左右的旺盛生长，而采用轮作制在采伐迹地上种植农作物 3~5 年后再更新造林则可有效地恢复地力，或采用换地造林、农林间作等形式能够获得较高的总体效益。许多新垦绿洲为了回避政策缺陷一开始就把林地面积比例压缩到成林时应有的比例（多为 10%），林带间距和株行距也按成林时的规格规划设计，致使本来可在 3~5 年完成的过渡期延长至 7~10 年，严重影响了绿洲防护林的早期效益。

（3）促进绿洲防护林发展的政策建议

①减免税费和税外负担，提高绿洲防护林经济活力。林业是效益外溢型行

业，其间接产出（无形产品）是直接产出（有形产品）的多倍，资料显示：日本为11.8倍，美国为9倍，芬兰为3.1倍，俄罗斯为4倍，我国黑龙江为6倍、广东为10倍（张春霞，1997）。绿洲防护林是为农业创造良好环境条件、提供保障作用的林种，其主导效益已经在农业种植效益中得到体现。设计合理、生长良好的绿洲防护林是绿洲得以存在的基础．其间接效益是直接效益的15倍以上。由于无形产品不能得到有效流通，绿洲防护林经营的弱质性决定了政府必须采取适当政策给予扶持。为此，国家建立了生态效益补偿制度（张麟村，1999），以便合理调节生态林生产经营者与社会收益的经济利益关系，补偿经营者的投入。但在一些财政实力较弱的省份，由于财力有限而难以做到，即使生态效益林项目排了队挂上号，安排资金也只能是象征性的，多半是"给政策不给钱"。再如，采取收费形式筹集资金，由于征缴办法不规范，加之外部环境变化，操作难度大，资金不能及时到位，不同程度影响了生态公益林建设。因此，王志刚等（2000）认为我国目前对绿洲防护林的经营采取生态效益补偿制度是次要的，而应主要采取减免税费及税外负担的手段，这样做一方面减轻了经营者的负担，另一方面也减轻了政府征收税费动作的成本，同时也容易使经营者和受益者得到严格对应，避免出现效益补偿动作的不公正现象。即使我国普遍实行分类经营，对生态林建立生态效益补偿制度，也不宜对绿洲防护林这样经营分散、管理复杂的林种实行明补，一是我国国力所能提供的补偿金应首先用于那些弱质性更为明显的林种（如水源涵养林、防风固沙林等）；二是明补的动作难度远高于减免税费等暗补，很难实现公平；三是省去了从明收到明补的全程运作成本。

我国农业税平均税率规定为常年常量的15.5%（张春霞，1997），就目前价格水平而言，农民经营农作物种植的税后收入仍高于林业的销售收入，而且林地耕作活动由于林木的障碍要比农地耕作难度更大，这些都极大地挫伤了营林者的造林积极性。从公平税负的角度出发，应对绿洲防护林实行全面免税，税外费用也应免征。实践证明，从绿洲防护林木材产出征收的育林基金等费用返回用于造林的比例并不高，而所付出的动作成本和复杂程度则是以农民为主的经营者难以接受的。

②逐步下放绿洲防护林政策性管制权限。绿洲防护林改善环境的影响半径一般在树高的十几倍到几十倍，通常不超过自然村范围。如果经营不善，将直接影响一个自然村的经济效益和生活环境质量，换句话说，自然村是绿洲防护林直接效益和间接效益的最小兼容空间。因此，绿洲防护林的管制权最终应放到自然村。例如，在林业发达的德国，私有林所占比重最大，为46%（张志达等，1999），国家

法律严格规定，私有林在不改变林地用途和保证及时更新的前提下，有自主经营森林的充分权利，不受任何干预，国家对其经营管理进行无偿技术指导，并给予适当补助，这使得森林拥有者有相当大的营林积极性，从而使整个德国林业走在世界前列。在尼泊尔这个山地国家，公有林管理居世界领先地位，他们把绝大部分村社林业交由森林利用小组进行管理，国家给予他们极大的权利，包括制定年度计划、预算和经营管理等，并给予补助金和技术指导，从而形成世界上非常好的村社林业网络。可见，较为完善的林业管理体制是与政府放权到直接受益者手中分不开的，这种权限的下放使得营林者获得较大的直接利益，从而极大地调动了营林积极性。但考虑到我国国情和农村科技文化落后的实际情况，可先在人员条件比较好的乡镇进行试点，放权到乡镇林业站取得经验后再放至行政村或自然村。只有放权才能充分调动群众的营林积极性，才能把管理半径缩小到最佳状态。

③采用存量管制模式，达到生态效益和经济效益兼容。绿洲防护林的主导效益是防护效益。政府对绿洲防护林的采伐管制应立足于主导效益的持续发挥。如前所述，防护林防护效益与其比表面积或材积存量有关，只要控制适当的存量就可以达到绿洲防护林主导效益的要求，它与林木是否达到成熟无关。实行存量管制可以反映防护林经营的主导思想，在存量之上的余量即可列入允许采伐的范围，是否采伐、如何更新则留给经营者根据立地条件、生长状况、经营价值、市场行情来定。只有这样才能给经营者留出宽松的行为空间，通过科学经营获得应得的经济效益，经营者的积极性才能被充分调动起来。

④提高绿洲防护林经营的科技水平。德国林业科技在世界上是属于第一流的，其林业研究部门为政府决策提供科学依据，同时为公众提供信息与建议，并负责技术咨询，把科研与生产紧密结合起来，使森林经营建立在科学的基础上。而我国经济实力较弱，营林者整体文化水平不高，科研与营林生产两张皮现象较为严重。为此，我们可借鉴德国的先进经验，给营林者提供生产与技术上的指导和建议，使科研与生产成为一条线，同时通过宣传教育提高群众和公务人员经营绿洲防护林的科技知识水平，使群众能够自觉造林护林、经营者科学经营、公务人员科学行政。如果没有科技知识的普及，不但先进的科学技术难以发挥作用，而且会影响到控制权下放的效果，甚至一放而乱。而若在科技知识普及的基础上充分利用已有先进技术，发挥绿洲防护林立地条件优势，辅以优惠的经济政策，实行集约经营，不但能够促进其主导效益的发挥，而且对弥补我国木材缺口、保护天然林有利，真正做到三大效益的统一。

第 7 章 生态光伏治沙区

7.1 概述

生态光伏治沙区是磴口模式的重要组成部分。以生态光伏治沙区为示范，可推进沙漠资源的高效利用。光伏生态治理以可持续发展、高效节水为导向，优先选择沙旱生植物与光伏阵列相融合，是一条低耗水、低维护、低成本、可持续的有效探索途径。通过抬高光伏阵列高度、拉大阵列间距的方式，给种植灌草留下充足空间，以光伏组件为植被遮阴，减少蒸发量，以植被生长抑制扬尘，减少对发电量的影响，形成了板上发电、板下种植的“光伏 + 生态治理”范式。

生态光伏治沙是一种将光伏发电与沙漠治理相结合的创新模式。它利用太阳能光伏板吸收阳光发电，同时减少沙漠化的影响。其特点：通过光伏板的遮盖减少水分蒸发，改善土壤条件；提供清洁能源，减少对传统能源的依赖；促进沙漠生态系统的恢复和保护。该模式在治理沙漠化、推动可持续发展方面具有重要意义。

首先需要明确一个概念，在沙漠地区建设光伏电站首先需要进行场地平整，改变原始地形地貌，对地表植被和土壤产生一定扰动。因此，从治沙原理来看，单纯在沙漠地区建设光伏并不能实现治沙，所谓的生态光伏治沙是以光伏发电为主体，兼顾防风固沙、生态保护修复、农林牧草沙旅产业协同发展的综合治理模式。

沙漠地区气候干旱、降水稀少、风大沙多，相关研究表明光伏电站的布设会减弱地表风速，降低地表输沙率，并增加地表粗糙度，此时土壤侵蚀会大幅减少。此外，光伏电站的布设改变了该地区原有的辐射平衡，对地表起到一定的遮阴作用，能有效地减少地表水分蒸发；光伏电站的布设也改变了区域降水分配格局，可以提高光伏板后土壤的蓄水保墒能力，进而为植被生长提供保障。

因此，通过利用光伏电站布设后的减少风蚀、遮阴集水等生态效应，采用“多采光、少用水、新技术、高效益”的治沙理念，在光伏板间种植生态经济型植物，将光伏发电、沙地生态修复和生态产业化发展有机结合，在风沙治理与植被恢复的同时，实现水资源高效利用、生态效益和经济效益共赢，从根本上解决生产发展和生态保护的矛盾，是一种生态优先、绿色发展的新路径、新模式。

7.2 光伏电站的建立对环境的影响

沙漠地区气候干旱、降水稀少、风大沙多、水资源短缺、植被稀少，原生生态环境十分脆弱（尹洁等，2023；尚小伟等，2024）。光伏电站建设过程中需要挖掘土地和平整沙丘，使园区内原生植被遭到破坏，导致地表裸露破坏原本土壤结构，极易引发土壤侵蚀（任乃芃等，2024；李文龙等，2020）。光伏电站建设可能破坏该地区多年形成的地表结皮，造成水土流失和地表扬尘。光伏电站运行期落实具有水土保持功能的植物措施和工程措施，能使土壤侵蚀进入相对稳定时期。太阳能板的布设对风蚀具有一定的阻挡作用，大面积的光伏阵列会减弱地表风速降低地表输沙率，并增加地表粗糙度，此时土壤侵蚀会大幅减少（刘中志，2016）。陈曦（2019）对光伏部件不同位置的土壤机械构成进行研究，发现光伏板前沿土壤粒度表现出由西到东先粗粒化再细粒化的现象，光伏板正下方和光伏板后沿土壤较前沿细沙含量明显增多。通过研究河西走廊戈壁滩光伏电站对局地土壤和植被的影响发现，与光伏电站外围相比，光伏阵列内土壤速效磷含量显著升高，但是土壤全效氮、磷、钾含量变化并不明显（周茂荣等，2019）。光伏电站的布设改变了该地区原有的辐射平衡，光伏电板的架设对地表起到一定的遮阴作用，同时也对近地表的气流形成扰流作用，进而影响大气温湿度，昼夜间光伏电站对局地大气温湿度的影响也具有差异性（Hassanpour et al.，2018）。光伏电站内地表不同类型的植被也会导致地表能量变化过程产生差异（崔杨等，2018）。在西北荒漠区，总体而言光伏电站内较光伏电站外大气温度有所升高和大气湿度有所增加，产生这一现象的原因可能是空气中比热容较低，光伏电板在接收太阳辐射的过程中一部分辐射能被空气分子吸收，所以光伏电站具有增加温度、降低湿度的作用。赵鹏宇（2016）通过研究沙漠光伏电站对空气温湿度的影响发现，在沙漠区光伏电站存在“热岛效应”，夏季晴天光伏电站具有增加温度和降低湿度的作用，距离地面 1.0m 和 2.5m 处光伏电站内空气温度较光伏电站外升高了 0.3~1.53℃和 0.44~1.34℃，相对空气湿度降低了 1.05%~3.67% 和 1.15%~2.54%。

光伏电板对太阳辐射的吸收和释放过程改变了地表对辐射接收的时空异质性，有研究表明追踪式光伏和固定式光伏电板使得局地辐射分别下降约 38% 和 70%，地表辐射总量分别减少了 50% 和 80%（Araki et al.，2017；王欣雯等，2017）。辐射量的降低导致地表能量平衡关系改变，影响了局地环境温度的变化，在晴朗的天气条件下，光伏产业具有增温降湿的作用，形成“热岛效应”（李培都等，2021）。同时在光伏电板的热效应下，光伏产业内热空气效应大于光伏板遮阳冷却效应，使得站内气温明显高于站外，夜晚光伏阵列具有绝热保温作用，使站内昼夜温差减小，增强了光伏产业内大气稳定度，对抑制风沙的产生具有十分重要的意义（崔杨等，2018）。

光伏电站建设时，需要对站内土地进行平整以及光伏组件支架基础和配电房部分工程进行施工，使原有植被遭到一定程度的破坏，建设期间，短时间内虽会造成某些物种数量减少，但不会使这些物种在区域内绝对消失（王涛等，2015；田政卿等，2024）。光伏电站运营期，人为扰动减少，且大型的太阳能基础设施可以保护植被免受太阳和强风的影响，而时常清洗太阳能光伏板的水可以为植物提供植物生长所需的水分，为耐阴植物的生长创造条件。太阳能电池板以及植物的遮阴作用能有效地减少地表水分蒸发，可以提高土壤的蓄水保墒能力，进而为植被生长提供了保障。

7.3 生态光伏治沙区的科学内涵

磴口县位于黄河“几字弯”顶端，是黄河“几字弯”攻坚战的核心区和前沿阵地。近几年，磴口县在全力推进光伏新能源产业发展，生态治理作为光伏新能源的重要补充，既能保障光伏园区的安全运行，又能极大地促进生态建设蓬勃发展，两者互相促进、相得益彰。磴口县作为千万千瓦级的新能源大基地，用地类型首选是沙丘起伏较大的流动沙地，这个区域采用常见的生态治理措施很难达到防沙治沙的效果。但是，通过光伏新能源基地的建设，能够为生态治理提供地势平坦、易于作业、风速降低、蒸腾减小等有利条件，从而达到对流动沙地有效治理的目的，是“磴口模式”多层防护体系的最前沿，也是最难啃的硬骨头，构成了“磴口模式”系统治理、全域治理的关键环节。

目前，磴口县光伏板间空地主要采用草光互补的模式进行生态治理，即在光伏板间空地栽植具有产业优势的植物，逐渐形成绿色屏障，改善光伏电站周边环境，不仅推动了土地资源的高效利用，还能为发展林草沙产业提供相应的产品。具体做法是：通过抬高光伏阵列支架高度和拉大光伏板间距离，分别在光伏板前、板中和板后栽植梭梭或四翅滨藜（*Atriplex canescens*），板前1m可有效阻隔粘性滞尘，栽植行距4m作为光伏板清洗作业道路，板后1m能有效接收自然降水（图7-1）。通过以生态为基础进行土地管理、发展配套沙产业等方式推动光伏治沙，达到了生态效益和经济效益双赢的效果。

目前该模式在磴口县光伏基地生态治理中起到显著的治理效果，并且得到大范围推广实施，累计推广面积达到3.5万亩。

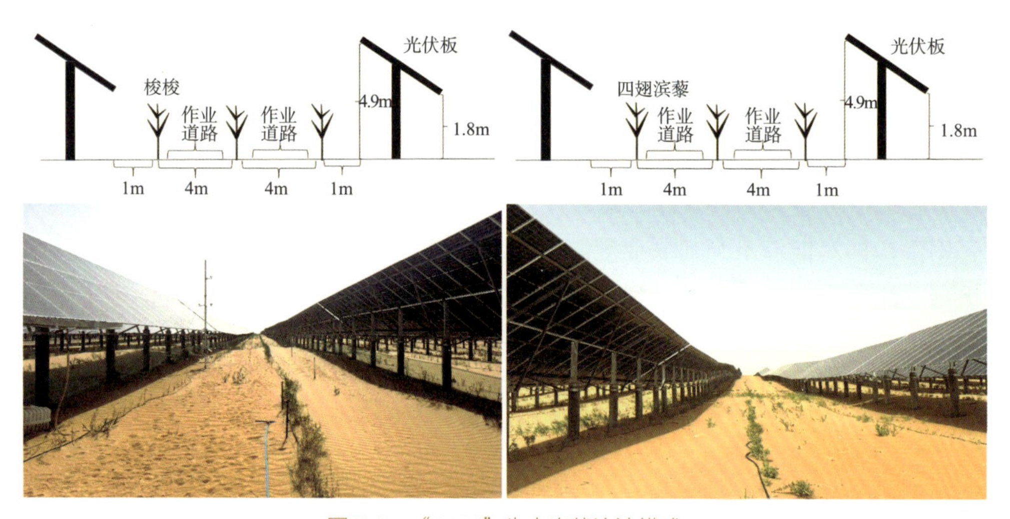

图7-1 “1441”生态光伏治沙模式

7.4 “光伏＋生态治理”模式

光伏电站的建设会对环境造成一定程度的消极影响，如何减小这种消极影响并使荒漠区建设光伏电站发挥最大的生态效益、经济效益和社会效益，各地区通过不断探索，形成了较为完善的“光伏＋生态治理”形式。例如，磴口采用林光互补、草光互补、牧光互补的立体化治沙模式，加快沙草产业、畜牧业、旅游业和光伏产业一体化发展；在利益机制上坚持利益共享、惠民利民，形成“企业＋合作社＋基地＋农户”多层次产业发展模式。鄂尔多斯市采取“林草结合”模式，运用“林光互补”“草光互补”生态技术，与种植养殖、生态旅游等“光伏+”项目相结合，形成“板上产绿电、板下生绿金、板外带旅游”三产融合发展新模式。库布齐在延伸“光伏+生态治理+有机农林+沙漠旅游”模式的基础上，进一步补充提升了沙漠研学、智能科普、光伏田园、生态牧业等产业功能。板上发电、板下种植，这片由光伏电板组成的“蓝色海洋”，成为新能源开发的亮丽“名片”。

7.5 “光伏+生态治理”高质量发展

（1）出台规范性文件

根据光伏阵列的生态分区、布设方式、立地类型和水资源状况等，划分光伏园区生态治理类型，明确光伏板下和光伏板间生态治理的措施、方式方法和施工技术要求，构建光伏园区选址评估、生态治理措施和成效评估等监管体系。

（2）缓解水资源刚性约束

生态治理需要“一分种、九分管”，“管”主要体现在用水管理上。考虑到现有用水指标只能满足当前农业灌溉的基本需求，建议统筹推进生态用水的立法、规划、配置、调度，切实做到“一水四定”，尤其是对沙漠地区生态治理工程用水指标适当给予支持，按实际治理面积核定水指标，确保光伏园区安全和生态治理成效得到基本保障。

（3）严守生态保护红线

干旱地区的自然景观主要以沙漠和戈壁为主，植被组成相对单一，风力侵蚀较为严重，生态系统非常脆弱，但荒漠生态系统有其独特的生态功能和作用。大规模的光伏电站建设会对荒漠生态系统产生巨大的影响。所以，要严守生态环境保护红线，无论发展何种产业都不能以生态安全和可持续发展作为代价。

（4）适地适树，推动产业化发展

在干旱荒漠区进行光伏生态治理时，一定要遵循“适地适树”原则。在造林时要根据造林地的立地条件，选择抗干旱、耐瘠薄的乡土树种，可采取选树适地、改树适地和改地适树技术措施，要特别慎重考虑外来引进物种，不强求“新奇特”物种，将生态风险降到最低。除此之外，栽植目标植物要考虑产业化问题，遵循“低耗水、易推广、可持续、有效益”的理念，以一定的产出效益维系生态治理成效，达到可持续发展的目的。

（5）强化科技支撑，创新生态治理模式

光伏发电作为新兴产业，在实现太阳能大规模开发的同时，需要从项目区气候条件、土壤条件、水源条件、植被类型及光伏板的布设等方面开展科技攻关，在合理利用土地资源的基础上，以风沙治理为核心，优化光伏组件和阵列自身的防风固沙设计，采取铺设沙障、改良土壤和种植植物等措施，降低亩均投入，达到最佳生态治理效果，形成最适合光伏项目实施区域的生态治理模式。

（6）将生态防护纳入制度保障

沙漠属于生态脆弱区，在沙漠区建立光伏电站会对地表进行大面积场平，光伏板支架基础开挖和运维车辆的碾压都会对地表造成强烈的扰动，破坏地表结皮，改变下垫面性质和地形，原生植被被碾压甚至铲除，使原生生态系统遭到破坏。沙漠区水资源匮乏，植被难以自然恢复。因此，国家、政府要求光伏企业在光伏电站建成运行期要对园区进行生态治理。但是生态效果的可持续性目前还不能保证，建议将沙漠地区光伏电站的生态防护纳入“强制性”制度保障，预留管护和科研经费份额。把光伏园区的生态治理作为项目验收的一个重要部分，必要时可以实施“一票否决”，尽最大可能保护荒漠生态系统的完整性。

（7）研发适地适“光伏 + 生态治理”模式

2022 年 1 月 30 日，国家发展改革委发布《关于完善能源绿色低碳转型体制和政策措施的意见》，提出以沙漠、戈壁、荒漠地区为重点，加快推进大型风电、光伏发电基地建设。针对光伏电站建设区不同的立地条件，应布设适宜当地地形和气候的光伏电板，其中包括光伏电板自身规格、光伏板的布设高度、光伏板倾斜角度等。荒漠区具有水资源匮乏、蒸发量较大和气温较高等特征，在生态治理时应选择适宜当地栽（种）植的植物种，并与当地优势产业相结合，形成同时具备水资源高效利用、生态效益和经济效益共赢的多种光伏 + 生态治理模式以及实现“板上发电、板间种植、板下修复、种养结合”，形成光、草、牧相结合的生态治理新模式。研发适宜当地的“光伏 + 生态治理”模式，并开展应用示范。

（8）尽快实施分区分类管理

2023 年 3 月 20 日，自然资源部、国家林业和草原局、国家能源局在《关于支持光伏发电产业发展规范用地管理有关工作的通知》中提到，光伏方阵用地不得占用耕地，占用其他农用地的，应根据实际合理控制，节约集约用地，尽量避免对生态和农业生产造成影响。光伏方阵用地涉及使用林地的，须采用林光互补模式，可使用年降水量400mm以下区域的灌木林地以及其他区域覆盖度低于50%的灌木林地，不得采伐林木、割灌及破坏原有植被，不得将乔木林地、竹林地等采伐改造为灌木林地后架设光伏板；光伏支架最低点应高于灌木高度1m以上，每列光伏板南北方向应合理设置净间距，具体由各地结合实地确定，并采取有效水土保持措施，确保灌木覆盖度等生长状态不低于林光互补前水平。光伏方阵按规定使用灌木林地的，施工期间应办理临时使用林地手续，运营期间相关方签订协议，项目服务期满后应当恢复林地原状。光伏方阵用地涉及占用基本草原外草原的，地方林草主管部门应科学评估本地区草原资源与生态状况，合理确定项目的适建区域、建设模式与建设要求。鼓励采用“草光互补”模式。

下篇 磴口模式成效

第 8 章
磴口模式取得的生态效益

8.1 小气候明显改善

统计研究区绿洲防护林内、外两座气象站 36 年（1983—2018 年）逐天平均气温、平均地温（地表温度）、平均大气相对湿度、平均降水量、平均水面蒸发量和平均风速等数据，求得月、季和年各气象因子的变化趋势及防护林内、外的差值。采用中国气象学上四季划分方法（春季为 3~5 月，夏季为 6~8 月，秋季为 9~11 月，冬季为 12 月至翌年 2 月），将 36 年连续观测的各气象要素值用 Excel 2016 整理，分析各季节环境因子均值、增长率及趋势系数，用 Origin8.0 绘制各气象因子变化趋势图。用气候倾向率和气候趋势系数表征防护林体系小气候效应。

8.1.1 绿洲防护林体系内、外小气候的年际变化

绿洲防护林体系内、外大气温度整体呈现上升的趋势（图 8-1）。防护林内、外多年平均气温变化趋势线性方程分别为 $y=0.03x+7.89$、$y=0.03x+8.38$，每 10 年的气温变化倾向率分别为 0.27、0.32℃，多年平均气温分别为 8.40、9.00℃。

防护林内、外地表温度整体上呈现上升趋势（图 8-1）。防护林内、外的多年平均地温变化趋势线性方程分别为 $y=0.03x-45.81$、$y=0.04x-59.16$，每 10 年的地温变化倾向率分别为 0.28、0.36℃，多年平均地温分别为 10.69、12.07℃。

防护林内外相对湿度整体上呈现下降趋势，但变化幅度较为平缓。防护林内、外多年平均相对湿度变化趋势线性方程分别为 $y=-0.02x+95.19$、$y=-0.13x+312.89$，每 10 年相对湿度变化倾向率分别为 -0.2%、-1.3%，多年平均相对湿度分别为

53.17%、47.87%。

防护林内、外降水量变化较为平缓，防护林内、外多年平均降水量变化趋势线性方程分别为 $y=0.39x-126.08$、$y=0.04x-103.78$，每 10 年降水量变化倾向率分别为 1.8、2.5mm，多年平均降水量分别为 128.9、108.85mm。

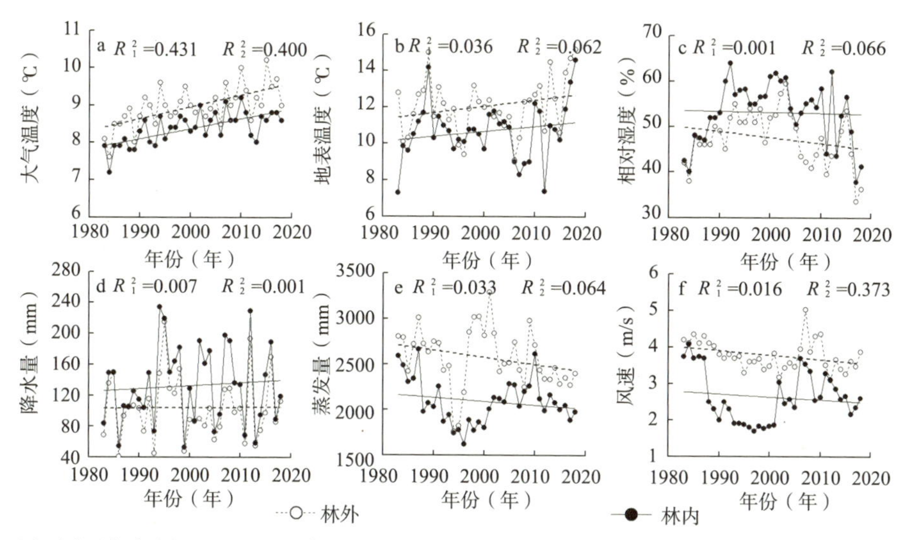

R_1—防护林内的相关系数；R_2—防护林外的相关系数

图 8-1 绿洲防护林体系内、外气象因子的年际变化

防护林内、外蒸发量呈现下降趋势，防护林内、外多年平均蒸发量变化趋势线性方程分别为 $y=-4.25x+10586$、$y=-7.843x+18260$，每 10 年蒸发量变化倾向率分别为 -42.5、-78.4mm，多年平均蒸发量分别为 2092.72、2571.35mm。

防护林内、外风速呈现下降趋势，防护林内、外多年平均风速变化趋势线性方程分别为 $y=-0.01x+19.29$、$y=-0.02x+40.85$，每 10 年风速变化倾向率分别为 -0.1、-0.2m/s，多年平均风速分别为 2.63、3.69m/s。

由防护林内、外环境因子差值可知（图 8-2），从整体趋势上分析，大气温度、地表温度、蒸发量和风速等指标防护林内低于防护林外，大气相对湿度和降水量则表现为防护林内高于防护林外。表明大规模的防护林体系能够使得大气温度降低 0.2~1.6℃，地表温度降低 0.10~5.49℃，相对湿度增加 0.5%~18.6%，降水量增加 0.50~100.7mm，蒸发量降低 18.4~1282.8mm，风速减小 0.45~1.98m/s。说明乌兰布和沙漠东北部绿洲防护林具有降温保湿作用，并且能够显著降低风速，因此可有效减轻风沙危害对绿洲内农作物的破坏。

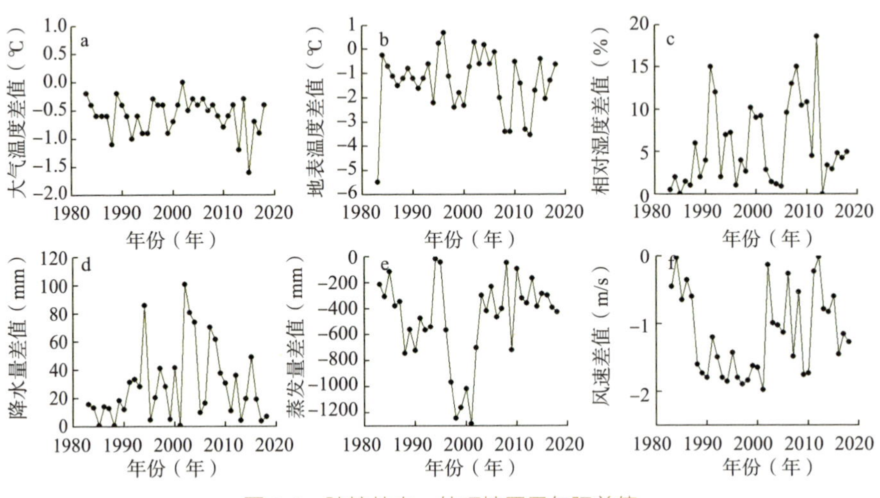

图 8-2　防护林内、外环境因子年际差值

8.1.2　绿洲防护林体系内、外小气候的年内变化

测定可知（图 8–3），防护林内、外的大气温度、地表温度、相对湿度、降水量和蒸发量年内变化均呈现先增加后降低的趋势，为单峰曲线，风速的年内变化曲线则为双峰曲线；大气温度、地表温度、蒸发量和风速表现为防护林内低于防护林外，而相对湿度和降水量则为防护林内高于防护林外。

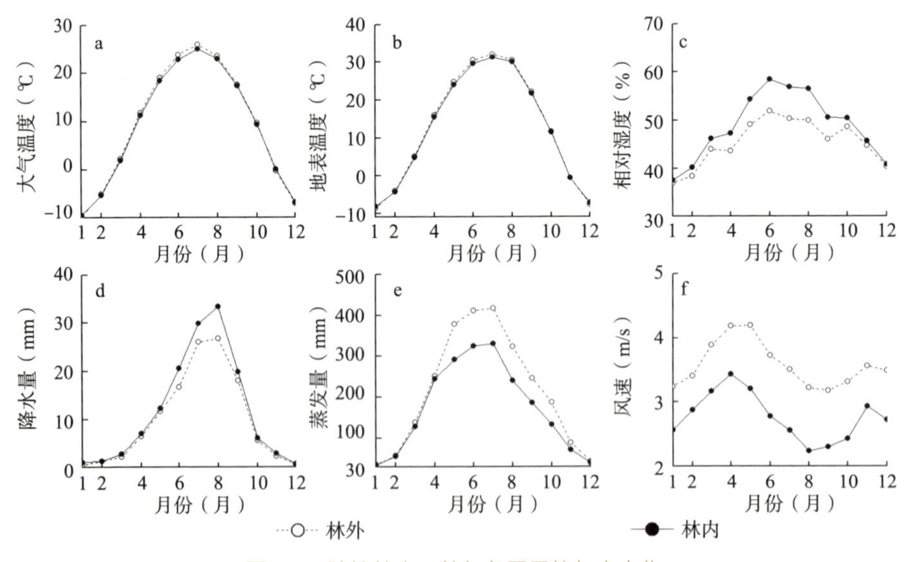

图 8-3　防护林内、外气象因子的年内变化

由图 8–3 可知，大气温度、地表温度和蒸发量均为 7 月达到最大值，防护林内、外大气温度分别 25.69、25.92℃，地表温度最大值分别为 31.63、32.13℃，蒸发量分别为 329.47、417.41mm；相对湿度和降水量分别在 6 月和 8 月达到最大值，防护林内、外相对湿度和降水量最大值分别为 60.53%、55.92% 和 35.46、26.01mm；防护林内风速在 4 月达到最大值（3.43m/s），防护林外风速在 5 月达到最大值（4.19m/s）。

由防护林内、外环境因子月份差值可知（图 8–4），从整体趋势上看，大气温度、地表温度、蒸发量和风速防护林内低于防护林外，大气相对湿度和降水量防护林内高于防护林外。大气温度和地表温度均是在冬季表现为防护林内大于防护林外，随着月份增加，防护林降温幅度逐渐增加，6 月达到最大值，大气温度和地表温度降温幅度最大可达 0.98℃和 0.96℃。蒸发量差值随着月份的增加呈现先增加后降低的趋势，增加幅度最大值（87.93mm）出现在夏季，防护林在降低林内温度的同时还能够增加湿度。降水量、大气相对湿度和风速差值变化特征吻合，在农作物和防护林生长季（5~9 月），防护林内降水量、大气相对湿度变化幅度较大，二者月均值可提高 0.08~6.74mm、0.47%~6.64%，风速减小 0.54~0.97m/s。以上结果表明绿洲防护林具有增温保湿作用，同时能够有效降低风速，减少蒸发，尤其在作物生长季特别明显，这不仅有利于减轻高温和风沙灾害对防护林内农作物及防护林的危害，同时对于防护林越冬也起着积极的作用。

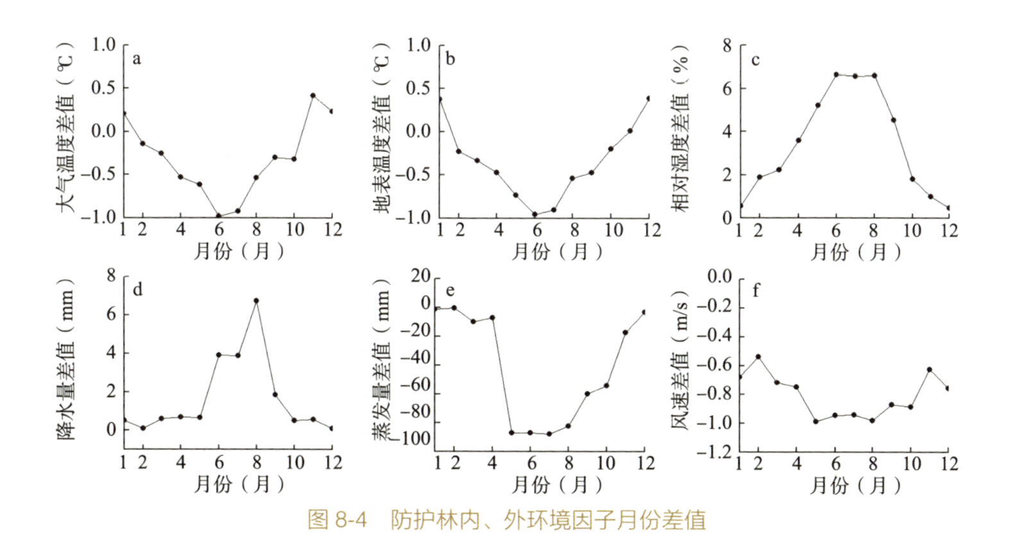

图 8-4　防护林内、外环境因子月份差值

结论：1983—2018 年，乌兰布和沙漠绿洲防护林内、外的大气温度、地表温度和降水量整体呈上升趋势，相对湿度、蒸发量和风速整体呈下降趋势；大气温度、地表温度、蒸发量和风速林内低于林外，大气相对湿度和降水量林内高于林外。绿洲防护林体系能够使防护林内大气温度降低 0.2~1.6℃，地表温度降低 0.10~5.49℃，相对湿度增加 0.5%~18.6%，降水量增加 0.5~100.7mm，蒸发量降低 18.4~1282.8mm，风速减小 0.45~1.98m/s。防护林内、外的大气温度、地表温度、相对湿度、降水量和蒸发量的年内变化规律均为先增加后降低，为单峰曲线，而风速的年内变化呈现出双峰趋势。在农作物和防护林生长季（5~9 月），林内降水量、大气相对湿度幅度较大，二者月均值可提高 0.08~6.74mm、0.47%~6.64%，风速减小 0.54~0.97m/s。

8.1.3 不同下垫面的小气候变化特征研究方法

2018 年 1 月 1 日至 12 月 31 日，由 3 座沙尘监测塔上安装的 Windsonic 二维超声风速风向传感器（1590–PK–020，美国 Campbell 公司）和温湿度传感器（1590–PK–020，美国 Campbell 公司），对乌兰布和沙漠东北部荒漠区、荒漠—绿洲过渡带（简称过渡带）及绿洲内的小气候气象要素，进行平行对比试验观测。风速风向传感器启动风速 0.01m/s，精度风速 ±2%、风向 ±3°，量程 0~60m/s、0~359°，分辨率 0.01m/s、1°；温度传感器量程为 –80~60℃，精度为 ±0.17℃，分辨率为 0.1℃；湿度传感器量程为 0%~100%，精度为 ±1%，分辨率为 0.1%。文中所用气温和相对湿度数据从 8m 高度处获取，风速风向数据从 12m 高度处获取。所用的数据经过了质量控制，包括 3 个观测点的同步校准、观测数据的逻辑极值检查和时间一致性检查。本书采用中国气象学上四季划分方法，即 3~5 月为春季，6~8 月为夏季，9~11 月为秋季，12 月至翌年 2 月为冬季。1、4、7、10 月分别为冬、春、夏、秋的代表月份，温湿度廓线为温湿度随着高度的变化趋势曲线。荒漠塔距过渡带塔 14.55km，过渡带塔距洲塔 2.85km，3 种下垫面详细特征见表 8–1。

8.1.4 不同下垫面的小气候年变化

由图 8–5 可知，荒漠区、过渡带和绿洲内年均气温分别为 9.66、9.38、9.14℃，年均相对湿度分别为 40.07%、40.58%、41.11%，年均风速分别为 4.13、3.88、2.60m/s。绿洲使年均气温降低 2.56%~5.38%，年均相对湿度增加

1.31~2.57 个百分点，年均风速降低 32.99%~37.05%。

表 8-1　3 个观测点下垫面概况

下垫面	地理坐标	土壤	植被特征			地形地貌
			植物种	平均高（m）	平均盖度（%）	
荒漠	40°19′38.46″N、106°52′2.64″E	风沙土	油蒿	0.29	9.1	流动沙丘和半固定沙丘
荒漠—绿洲过渡带	40°25′57.80″N、106°45′43.45″E	风沙土黏土	白刺 油蒿 草本	0.43 0.35 0.21	23.1 15.4 1.2	固定和半固定沙丘，白刺灌丛沙堆高 1.2~3.6m
绿洲	40°20′07″N、106°47′39″E	沙壤土	农作物 新疆杨	1.8~2.5 20~24	生长季 90% 左右，非生长季 5% 左右	地势平坦，建有完整的农田防护林网，两行一带，株行距 1m × 2m，林网高 20~24m，疏透结构，疏透度 84%

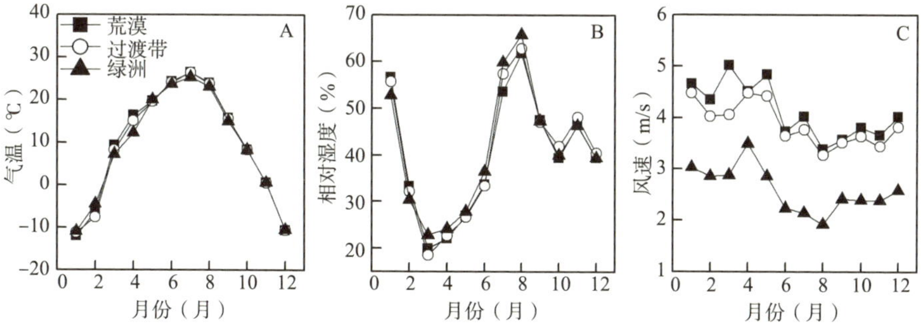

图 8-5　气温、相对湿度和风速的年变化特征

荒漠区、过渡带和绿洲内气温年变化曲线形态一致（图 8-5A），一年中 7 月气温最高，1 月气温最低。7 月，绿洲内气温较荒漠区和过渡带分别低 0.38、1.17℃；1 月，绿洲内气温较荒漠区和过渡带分别高 1.00、0.31℃。由图 8-5B 可知，荒漠区、过渡带和绿洲内相对湿度年变化曲线形态一致，一年中 8 月相对湿度最高，3 月相对湿度最低。由图 8-5C 可知，荒漠区、过渡带和绿洲内风速年变化曲线形态一致，均表现为春、冬季风速较大。荒漠区风速最大（年平均风速 4.13m/s），绿洲内风速最小（年平均风速 2.60m/s）。3 种下垫面条件下，气温和相对湿度差异较小，风速差异显著。大气的热量主要源于地表，地表通过地面辐射、湍流和对流运动以及潜热输送等方式将热量传递给边界大气层。植被覆盖度增加，植被吸收和反射的太阳辐射能增加，大气中的热量补充减少，气温降低，

同时植物的蒸腾和遮阴作用也会随之增强，因此绿洲内气温较低，湿度较大，此现象与绿洲的“冷岛效应”一致。由于绿洲内高大防护林带的阻挡，使得气流抬升，减少进入绿洲内的气流，因此风速降低。

由图 8–6 可以看出，荒漠区、过渡带和绿洲内风向年变化特征均为以偏西风（W、WSW、SW、SSW）为主，其中荒漠区偏西风中以 SW 和 SSW 风为主；过渡带偏西风中以 SW 风为主，NE 方向的风也占较大比例，但风速较低，均分布在 5~7m/s 范围内；绿洲内偏西风中以 W 和 WNW 风为主。荒漠区和过渡带的风向多变，绿洲内风向相对较为集中。

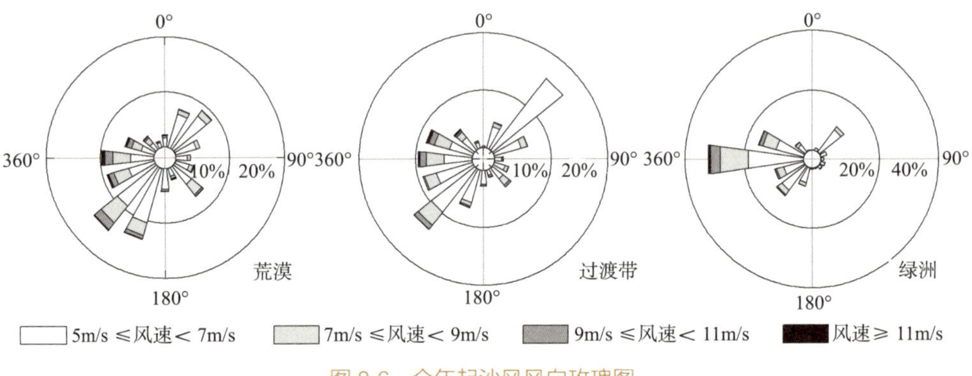

图 8-6 全年起沙风风向玫瑰图

8.1.5 不同下垫面的小气候季节变化

由图 8–7 可以看出，荒漠区、过渡带和绿洲内春季平均气温分别为 15.39、13.89、12.81℃，夏季平均气温分别为 26.34、25.96、25.17℃，秋季平均气温为 8.55、8.35、8.32℃，冬季平均气温为 –8.91、–8.86、–8.73℃。荒漠区、过渡带和绿洲内春、夏、秋、冬季的气温均具有明显的日周期变化特征，且变化趋势一致，3 种下垫面的气温均表现为白天高、夜间低的特点，且白天气温差异较小，夜间相差较大；在春季，3 种下垫面之间的气温差异较其他季节大。1 月夜间，荒漠区较过渡带和绿洲内分别低 0.11、0.28℃（17: 00 至翌日 09: 00）；4 月夜间，荒漠区较过渡带和绿洲内分别高 2.10、3.25℃（18: 00 至翌日 09: 00）；7 月夜间，荒漠区较过渡带和绿洲内分别高 0.36、1.06℃（18: 00 至翌日 06: 00）；10 月夜间，荒漠区较过渡带和绿洲内分别高 0.19、0.22℃（18: 00 至翌日 09: 00）。与荒漠区相比，过渡带与绿洲内冬季温度增加了 0.05、0.18℃，比其他季节分别减小了 0.38~1.50、0.22~2.58℃。

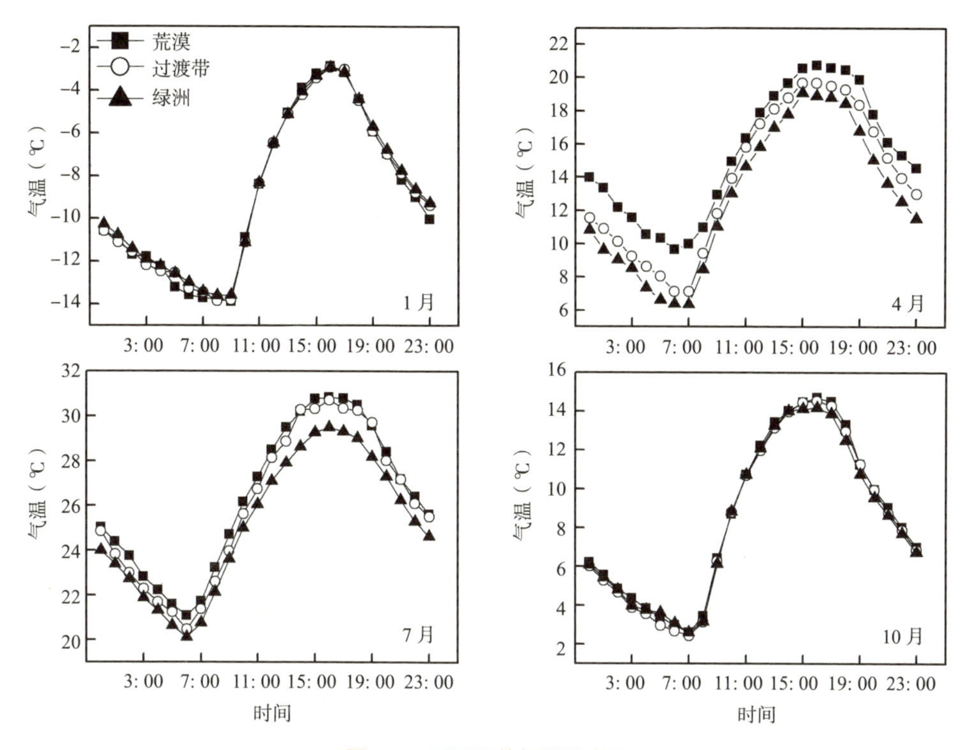

图 8-7　不同季节气温日变化

1 月最低气温，荒漠区出现在 9：00（–13.87℃），过渡带和绿洲内出现在 8: 00（–13.83、–13.59℃），最高气温均出现在 16: 00（分别为 –2.85、–2.91、–2.94℃）；4 月最低气温，荒漠区和过渡带出现在 6: 00（9.66、7.12℃），绿洲内出现在 7: 00（6.36℃），最高气温出现在 16: 00（20.37、19.69℃），绿洲内最高气温出现在 15: 00（19.08℃）；7 月，荒漠区、过渡带和绿洲内最低气温均出现在 6: 00（分别为 21.07、20.47、20.11℃），最高气温均出现在 16: 00（分别为 30.83、30.72、29.50℃）；10 月，荒漠区、过渡带和绿洲内最低气温均出现在 7: 00（分别为 2.60、2.44、2.61℃），最高气温均出现在 16: 00（分别为 14.723、14.54、14.19℃）。综上所述，下垫面变化对各季节最低气温、最高气温以及出现时间影响并不明显。由图 8–7 可知，每个季节的夜间均存在不同程度的逆温现象。由图 8–8 可知，荒漠区和过渡带逆温现象较绿洲内部明显，这与荒漠区和过渡带温度高于绿洲内的现象一致。

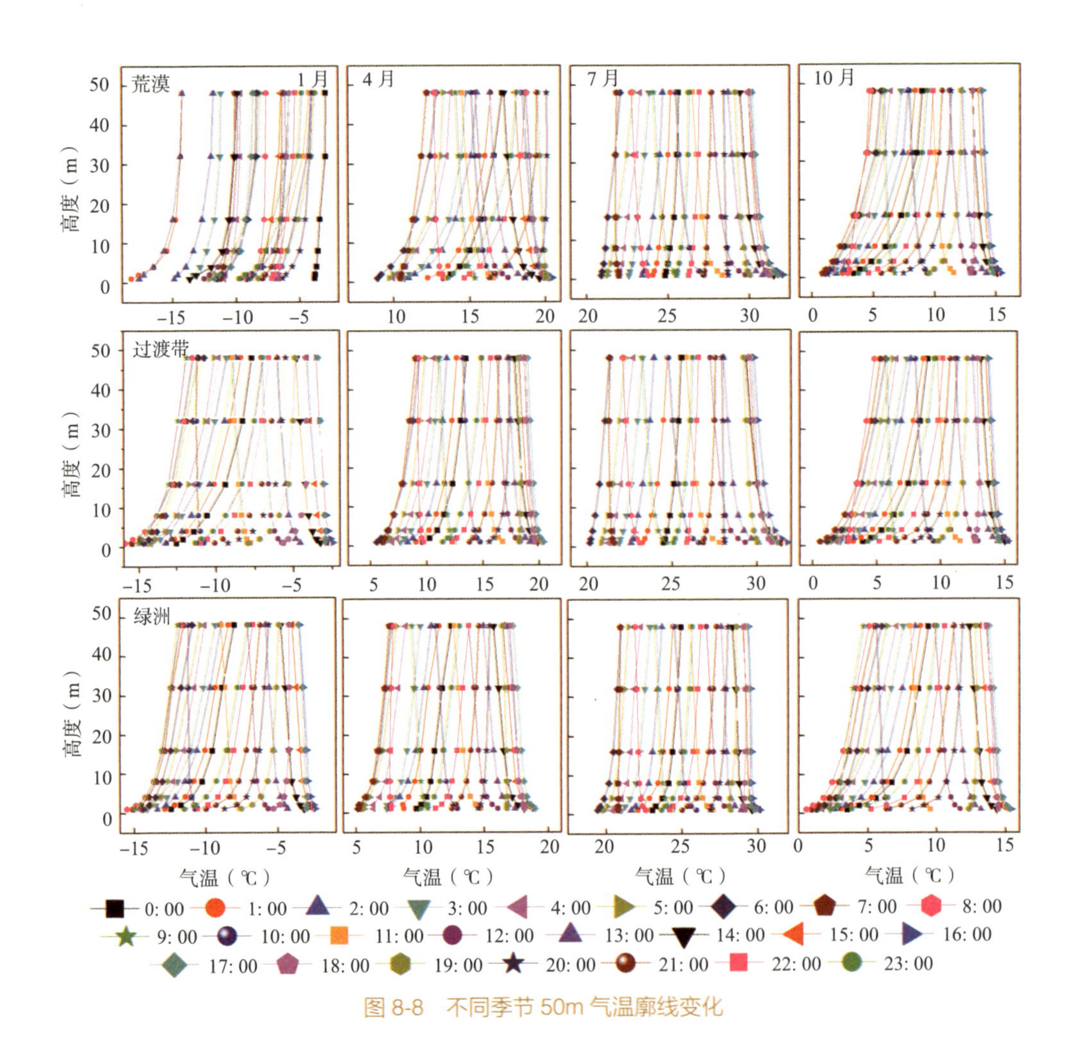

图 8-8　不同季节 50m 气温廓线变化

由图 8–9 可以看出，荒漠区、过渡带和绿洲内春季平均相对湿度分别为 32.82%、30.66%、24.11%，夏季平均相对湿度分别为 53.59%、55.73%、59.76%，秋季平均相对湿度为 42.23%、39.36%、40.29%，冬季平均相对湿度为 46.72%、45.69%、45.31%。荒漠区、过渡带和绿洲内春、夏、秋、冬季节的相对湿度均具有明显的日周期变化特征，且变化趋势一致，与气温的日变化特征相反；3 种下垫面的相对湿度均表现为白天低、夜间高，且白天相对湿度差异较小，夜间相差较大；在春季，3 种下垫面之间的气温差异较其他季节大。荒漠区相对湿度为 32.82%~53.59%，过渡带相对湿度为 30.66%~55.73%，绿洲内相对湿度为 24.11%~59.76%。1 月和 4 月，由于近地层（0~50m）存在明显的逆湿现象，

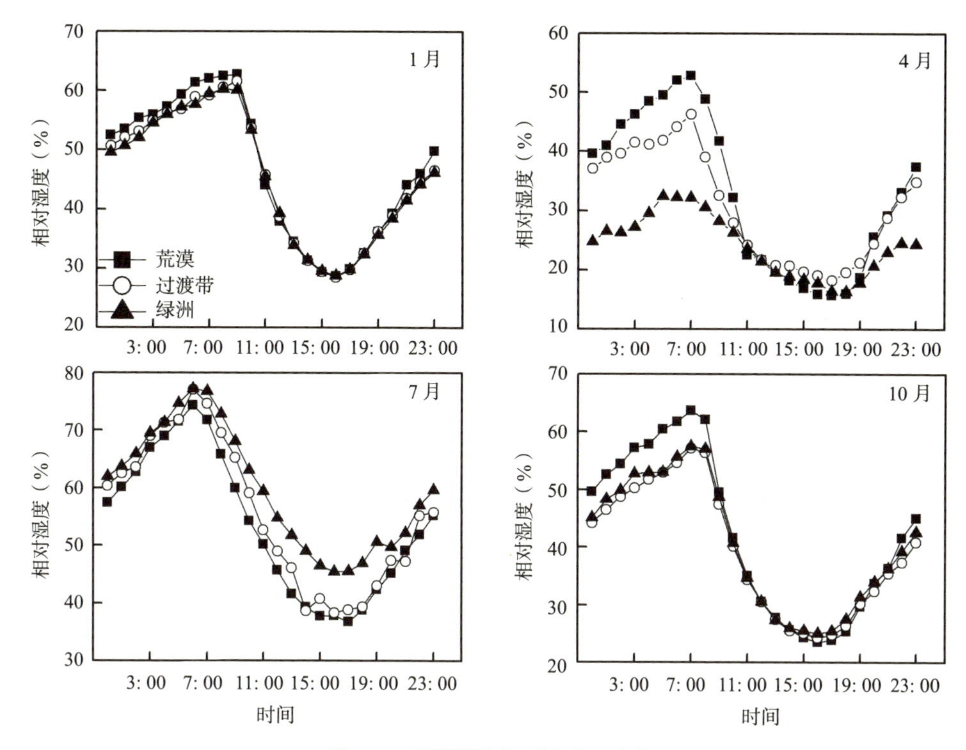

图 8-9 不同季节相对湿度日变化

因此，绿洲内的相对湿度较荒漠区和过渡带分别低 0.37~1.41 和 6.55~8.71 个百分点，7 月，绿洲内的相对湿度较荒漠区和过渡带高 4.04~6.17 个百分点，10 月，绿洲内的相对湿度较荒漠区和过渡带高 0.93~1.94 个百分点。夜间大气层结构稳定，近地层累积的水汽较白天多，夏季尤为明显，植被白天蒸腾旺盛，近地层局地对流强烈，导致水汽上升剧烈，气压减小，因此湿度相对较小；下垫面不同，地表植被差异较大，尤其是夏季，因此 3 种下垫面夏季的相对湿度差异较大。1 月、4 月、10 月夜间相对湿度表现为绿洲内低于过渡带和荒漠区，产生这种现象的原因是夜间存在明显的逆湿现象（图 8–10），即随着高度的增加相对湿度增大。

荒漠区、过渡带和绿洲内春季平均风速分别为 4.07、4.45、3.49m/s，夏季平均风速分别为 4.02、3.79、2.14m/s，秋季平均风速为 3.85、3.69、2.43m/s，冬季平均风速为 4.69、4.50、2.91m/s。风速具有明显的季节变化特征（图 8–11），荒漠区与过渡带变化趋势一致，均表现为 1 月风速最大，其次为 4 月，10 月风速最小；绿洲内则为 4 月风速最大，其次为 1 月，7 月风速最小。1 月与 10 月起沙风最大风速出现在 14: 00~16: 00，4 月和 7 月起沙风最大风速出现在 16: 00~18: 00。荒漠区、过渡带和绿洲内 1 月最大风速分别为 6.12、6.03、4.11m/s，4 月最大风速分别为 5.69、5.72、5.25m/s，7 月最大风速分别为 5.45、4.98、2.86m/s，10 月最大风速分别为 5.23、5.45、3.90m/s。1 月、4 月、7 月和 10 月均为绿洲内风速最低，且与荒漠区、过渡带差异显著，此现象说明绿洲能够显著降低风速。

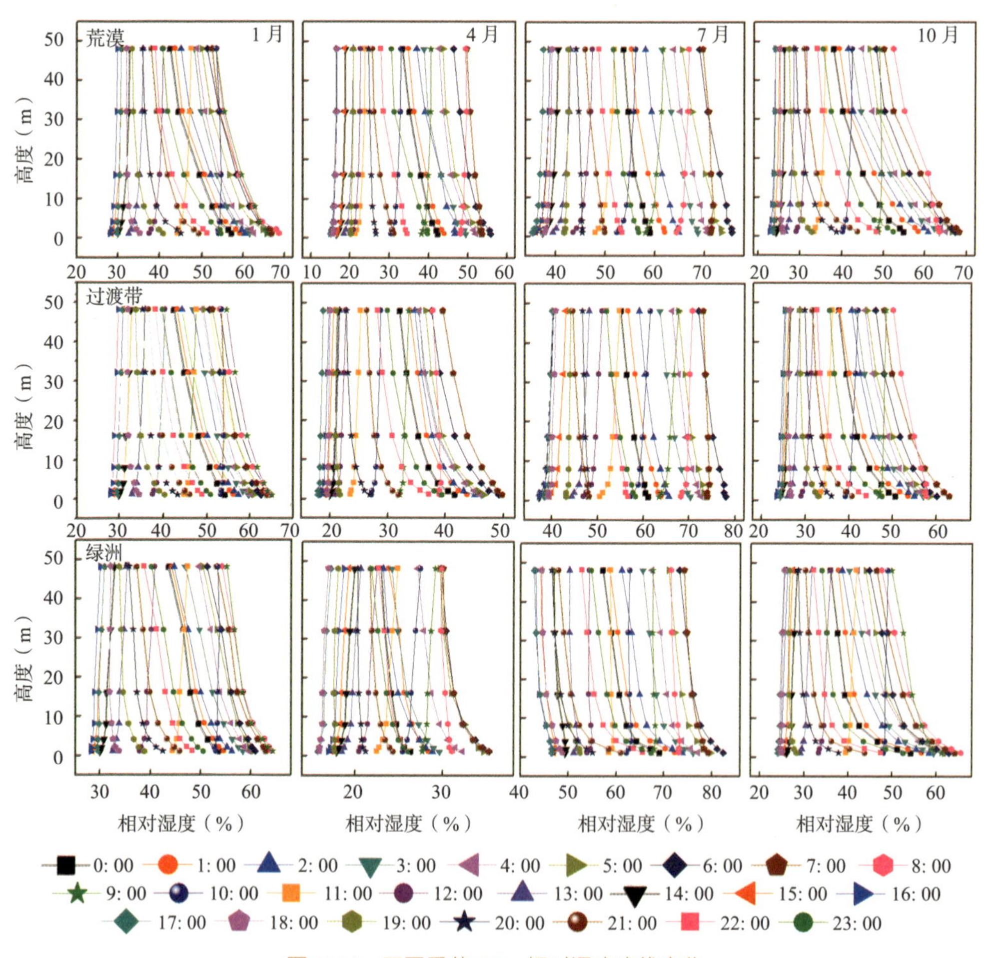

图 8-10　不同季节 50m 相对湿度廓线变化

8.1.6　不同下垫面的小气候日变化

就日变化特征而言，3 种下垫面之间的风速差异较大（图 8-12）。与荒漠区比较，过渡带和绿洲使得日均温降低 7.41%~12.95%，日均相对湿度降低

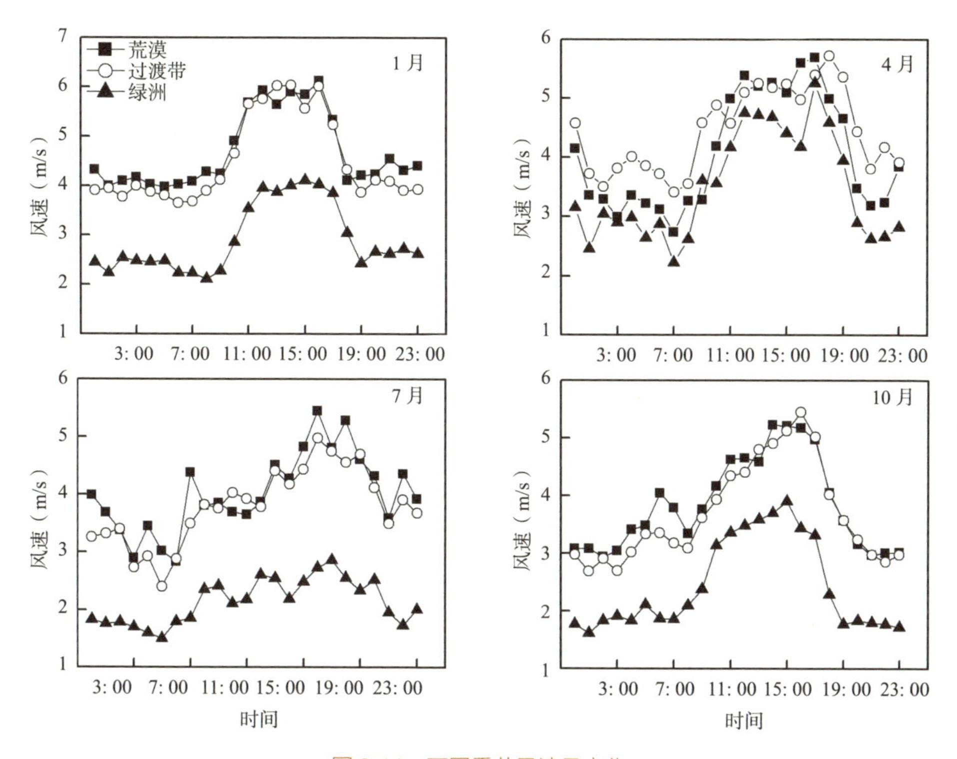

图 8-11 不同季节风速日变化

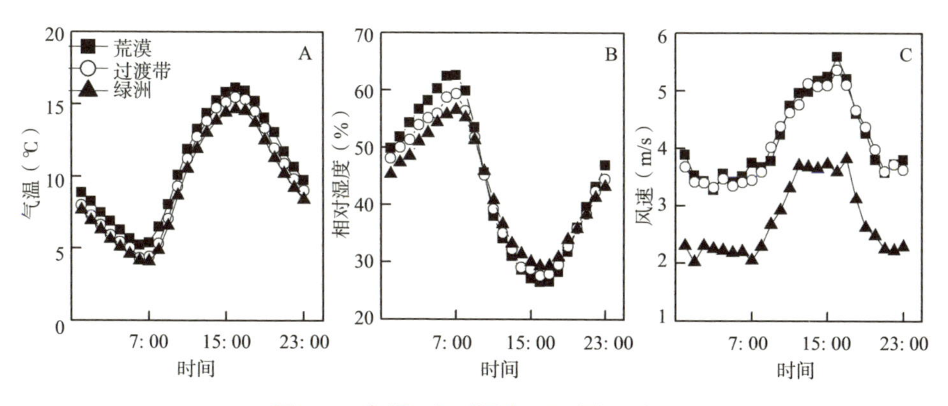

图 8-12 气温、相对湿度和风速的日变化

2.24~3.35 个百分点，日均风速降低 16.6%~51.46%。荒漠区、过渡带和绿洲内气温、相对湿度和风速日变化曲线均呈单峰形分布。气温日最高值均出现在 16: 00，其值分别为 16.14、15.46、14.64℃，荒漠区、过渡带日最低值出现在 6: 00，其值分别为 5.21、4.33℃，绿洲内日最低值出现在 7: 00，其值为 4.08℃。

荒漠区、过渡带和绿洲内相对湿度夜间高，白天低；日最高值均出现在 7: 00，其值分别为 62.59%、59.32%、56.49%，日最低值出现在 16: 00，其值分别为 26.48%、27.55%、29.26%。荒漠区、过渡带风速日最高值均出现在 16: 00，其值分别为 5.59、5.36m/s，绿洲内日最高值出现在 17: 00，其值为 3.82m/s；荒漠区、过渡带日最低值出现在 3: 00，其值分别为 3.28、3.32m/s，绿洲内日最低值出现在 1: 00，其值为 2.02m/s。以上数据表明，绿洲防护林体系对气温、相对湿度和风速在数值大小和出现时间等方面具有显著影响。

结论：①乌兰布和沙漠东北部荒漠区、过渡带和绿洲内气温年变化和日变化特征一致。7 月气温最高，1 月气温最低。3 种下垫面白天气温差异较小，夜间相差较大。与荒漠区相比，过渡带与绿洲内冬季温度增加了 0.05、0.18℃，其他季节分别减小了 0.38~1.50℃、0.22~2.58℃；②荒漠区、过渡带和绿洲内相对湿度的年变化和日变化特征均一致。8 月相对湿度最高，3 月相对湿度最低。由于近地层（0~50m）存在明显的逆湿现象，春、冬季，绿洲内的相对湿度较荒漠区和过渡带分别低 0.37~1.41 和 6.55~8.71 个百分点，而夏、秋季，绿洲内的相对湿度较荒漠区和过渡带分别高 4.04~6.17 个百分点、0.93~1.94 个百分点。③荒漠区、过渡带和绿洲内风向年变化特征均以偏西风（W、WSW、SW、SSW）为主，荒漠区和过渡带的风向多变，绿洲内风向相对较为集中。荒漠区、过渡带和绿洲内风速年变化曲线形态一致，均表现为春、冬季风速较大，绿洲能够使年均风速降低 32.99%~37.05%。综上，乌兰布和沙漠东北部过渡带植被和绿洲防护林体系对小气候具有很好的调节作用，如降温、增湿、削减风速，研究区局地小气候主要体现在风速和夏、秋季湿度上，而气温和冬春季湿度分别主要受逆温和逆湿的影响。研究结果能够为进一步揭示干旱区的小气候生态特征提供理论依据，对绿洲生态环境的保护与合理建设具有一定的科学意义。

8.2 固沙阻沙能力明显增强

8.2.1 沙尘水平通量差异性分析

分别对 2018 年春季 2 座风沙监测塔 18 个高度的沙尘水平通量进行拟合：

$$q(z)=a(z)^{b} \tag{8-1}$$

式中，$q(z)$ 为某一高度的沙尘水平通量（kg/m^2）；z 为沙尘收集高度（m）；

a、b 为拟合系数。式（8–1）求得 0~50 m 高度内积分，则 2018 年春季通过各观测点 1 m（宽）× 50 m（高）断面上的总沙尘水平量：

$$Q=\int_0^{50} q(z)\,\mathrm{d}z=\frac{a}{b+1}[50^{b+1}-1] \tag{8–2}$$

式中，Q 为观测期间通过断面的总沙尘通量（kg）。利用观测塔 12 m 高处的风速资料，统计 16 个方位的起沙风（≥ 5 m/s），并计算起沙风频率。

风向数据和输沙势（drift potential，DP）采用 Fryberger 方法计算，计算公式：

$$P_d=V^2(V-V_t)\,t \tag{8–3}$$

式中，P_d 为输沙势，以矢量单位 VU 表示；V 和 V_t 分别为起沙风风速和临界起沙风风速；t 为观测时段内所观测的起沙风时长与总观测时长的百分比（%）。

2018 年春季，乌兰布和沙漠东北缘沙漠—绿洲过渡带和绿洲内部风沙监测塔沙尘水平通量随高度变化特征，如图 8–13 所示。沙漠—绿洲过渡带沙尘水平通量随着高度上升呈明显降低趋势，而在绿洲中沙尘水平通量随着高度上升缓慢增加。二者沙尘水平通量随高度的变化关系均可用幂函数分别表示：$q(z)=3.3565z^{-0.1961}$，$R^2=0.90$；$q(z)=0.4245z^{0.2788}$，$R^2=0.92$。式中，$q(z)$ 为某一高度的沙尘水平通量（kg/m²）；z 为沙尘收集高度（m）；a、b 为拟合系数。

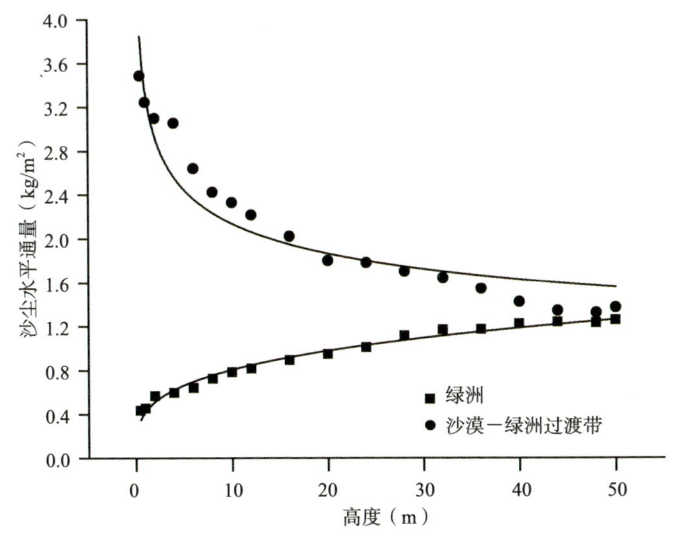

图 8-13　2018 年春季 2 种下垫面不同高度层沙尘水平通量

同一高度的沙漠－绿洲过渡带沙尘水平通量远大于绿洲，随高度上升二者差异逐渐减小，在 40~50m 高度之间二者近乎重合。根据每座风沙监测塔 18 个高度沙尘水平通量拟合的幂函数，利用沙尘通量定积分公式（8–2）计算 2 座风沙监测塔 2018 年春季通过 1m（宽）×50m（高）断面的总沙尘通量，结果表明通过沙漠－绿洲过渡带和绿洲的总沙尘通量分别为 96.93 和 49.39kg。与沙漠－绿洲过渡带的总沙尘水平量相比，绿洲内部减少了约一半。这一结果表明绿洲防护林体系可明显削减沙尘的传输量。同一高度上沙漠－绿洲过渡带的水平通量累计百分比均高于绿洲（图 8–14）。随着高度的增加，二者沙尘水平通量累计百分比差值先增大后趋于平缓：0~12m 高度内，二者沙尘水平通量累计百分比差值增幅较大；绿洲内部 14~50m 高度内沙尘水平通量累计百分比增幅较小，沙漠－绿洲过渡带 68.4% 的沙尘水平通量集中在 20m 以下，而绿洲内部 20m 以下的沙尘水平通量累计占 42.1%。以上分析表明，随着高度增加下垫面状况差异对沙尘水平通量的影响逐渐减弱。沙尘受到绿洲内防护林的干扰，其垂直分布结构发生改变。

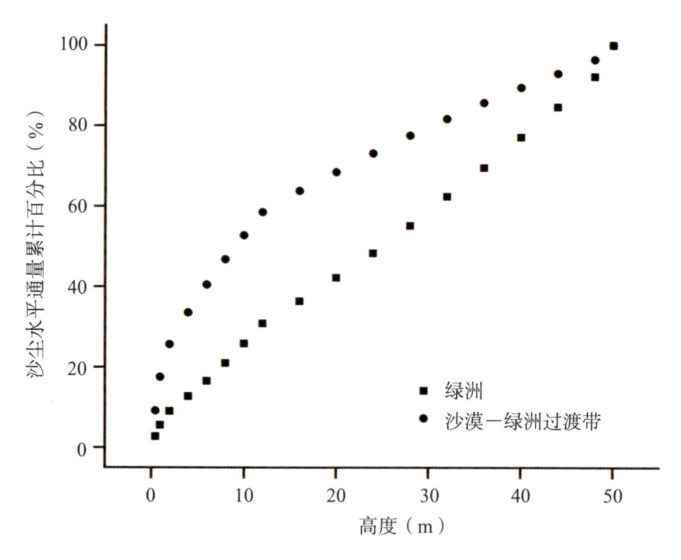

图 8-14　2018 年春季 2 种下垫面沙尘水平通量累积百分比

8.2.2 起沙风及输沙势分析

风速是衡量区域风沙活动强度的重要指标之一，是沙尘输送的动力因素。本书对比分析了沙漠－绿洲过渡带和绿洲的风速资料，从动力条件上探讨绿洲削减沙尘输送的机理。观测期间，沙漠－绿洲过渡带起沙风（≥ 5.00m/s）频率百分比为 31.3%，起沙风平均风速为 6.64m/s；而绿洲仅为 15.2%，起沙风平均风速为 7.23m/s，起沙风频率从沙漠—绿洲过渡带至绿洲降低了约一半。这一结果表明绿洲削减风速效应明显。绿洲防护林体系不仅减弱了风速并减少了起沙风作用时间，因而减少了沙尘的传输量。沙漠 – 绿洲过渡带和绿洲风以偏西风（NW、SW、WSW、W、WNW）为主，偏东风（NE）次之（图 8–15）。沙漠—绿洲过渡带偏西风、偏东风分别占全部风向的 49.3%、21.2%，合计占全部风向的 70.5%。绿洲内偏西风、偏东风分别占全部风向的 68.4%、14.3%，二者合计占 82.8%。绿洲与沙漠—绿洲过渡带的起沙风风向存在一定差异，绿洲的起沙风风向比沙漠—绿洲过渡带更加集中。输沙势是表征区域风沙活动强弱和潜在输沙能力大小的重要指标，在风沙环境领域中应用广泛。

根据沙漠—绿洲过渡带与绿洲风沙监测塔的风速数据（12m 高度处）和输沙势公式（8–3），计算并分析了观测期间沙漠—绿洲过渡带与绿洲的输沙势特征（图 8–16）。二者的输沙势方向分布与起沙风分布一致，其中沙漠 – 绿洲过渡带的输沙势为 95.59VU，合成输沙势为 45.42VU，合成输沙方向为 117.28°；绿洲内部的输沙势为 30.94VU，合成输沙势为 21.06VU，合成输沙方向为 100.76°。绿洲内部的输沙势比沙漠—绿洲过渡带减少了 67.6%，合成输沙势减少了 53.6%。

在沙漠—绿洲过渡带和绿洲内沙尘水平通量随高度变化均呈幂函数分布；沙尘水平通量在沙漠—绿洲过渡带随高度增加显著降低，而在绿洲内呈现平缓增加趋势；沙尘水平通量从沙漠—绿洲过渡带至绿洲内部减少约一半；绿洲内部起沙风频率比沙漠—绿洲过渡带降低了一半左右，绿洲防护林明显削弱了过境风速、减少了起沙风的持续时间，防风阻沙效果明显。

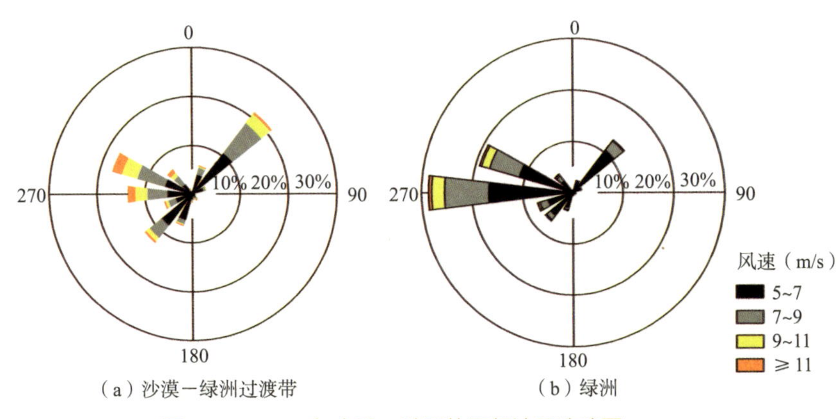

图 8-15　2018 年春季 2 种下垫面起沙风玫瑰图

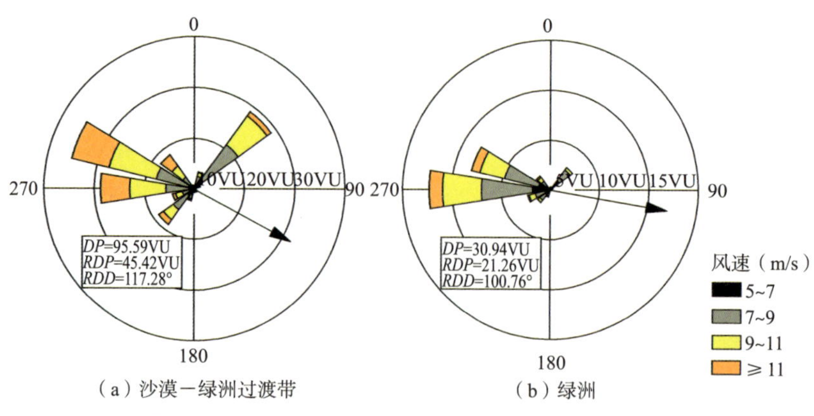

（a）沙漠—绿洲过渡带　（b）绿洲

图 8-16　2018 年春季 2 种下垫面输沙势玫瑰图

8.3 防风效益明显

8.3.1 研究方法

研究区主要造林树种为新疆杨或二白杨。实验选择 6 条不同结构类型的林带，防护林基本情况见表 8-2。林带结构具体划分标准：稀疏型结构林带疏透度 30%~50%，上下枝叶稀疏，有上下均匀分布的小通风空隙；疏透型结构林带疏透度 50%~60%，林冠层稀疏，有均匀分布小孔隙，林干层较大空隙；通风型结构林带疏透度大于 60%，林冠层紧密，林干层有大的通风孔道，或者新栽树木未成林，上下都有大的通风孔，或树木栽植间距大，林带上下皆开型也归于通风型结构。

表 8-2　各林带参数

编号	林带结构	位置	配置	林带走向	种植年份（年）	株行距（m）	胸径（m）	树高（m）
1	通风型	三场	2 新疆杨	南北	1997	2 × 3	27.17	14.7
2	疏透型	三场	2 新疆杨	南北	1997	1 × 1.5	24	23.2
3	通风型	四场	小美旱杨 2+ 沙枣 1	南北	2000	6 × 3	16	12.4
4	疏透型	一场	2 二白杨	南北	1997	3 × 8	36.8	18.8
5	稀疏型	一场	二白杨 + 沙枣 + 杜梨 + 沙柳	南北	1983	2 × 2	26	16.6
6	稀疏型	一场	2 新疆杨	东西	1982	2 × 8	26	26

风速观测：观测时间为 4 月中旬，水平风速观测点布设在林带走向的中垂线上，在林带前 3H、1H 处和林带后 1H、3H、5H、7H 处（H 为林带平均高度，此处表示观测点距林缘的距离），实验使用 5 台 HOBO 小型自动气象站仪，仪器设置成每秒自动记录 1 次风速，测定时间为 10 分钟。风杯高度分别为 20、50、100、200cm。为保证尽可能减少观测数据误差，对照点布设在地势平坦、空旷裸露及风蚀较为严重的农田中。观测间隔为 1 小时，高度为 2m。

林带高度观测：在各实验场中选取 3 个不同高度且各高度林带长势均匀一致的树木，测定其风速。每 10 株为 1 个重复，其平均值即为林带高度。

防风效能观测：

$$E_x=(U_{x1}-U_{x2})/U_{x1}\times 100\% \qquad (8\text{–}4)$$

式中，E_x 为防护林附近距离测点 $x1$、高 2m 处的防风效能（%）；U_{x1} 为高 2m、对照点 $x1$ 处的平均风速（m/s）；U_{x2} 为高 2m、防护林测点 $x2$ 处的平均风速（m/s）。

疏透度观测：

$$\beta=a/A\times 100\% \qquad (8\text{–}5)$$

式中，β 为疏透度；A 为林分林缘垂直面上的投影总面积（m^2）；a 为总面积上透光空隙的面积（m^2）。

8.3.2 同一林带不同位置防风效能的分析

就同一条防护林带而言，在林带前和林带后的不同位置，其风速不同，从而防护林起到的防风效能是不同的。在同一条林带的林带前 3H、1H 处和林带后 1H、3H、5H、7H 处的防风效能是不同的，对沙林中心 6 条林带防风效能的观测，通过表 8–3 发现，5 号林带的林带后 1H 处的防风效能最大，为 88.95%，而 4 号林带林前 1H 处防风效能最小，为 0.16%。总体情况下，在林带前，3H 处的防风效能比 1H 处的防风效能小，而在林带后，1H 和 3H 处的防风效能明显比 5H 和 7H 处的大。结果表明，不同防护林带的防护效能是不同的。

8.3.3 林带高度对防风效能的影响

林带高度不同，其防风效能会有一定差异。从表 8–4 可以看出，高度为 26m 的新疆杨林带后 3H 处风速与旷野风速比值最小为 42.26%，最大为

58.97%，总体降低 41.03%~57.74%；高度为 23.2m 的林带后各测点处风速较旷野降低 26.46%~46.67%；高度为 14.7m 的林带后 3H 处风速较旷野风速比最小为 54.19%，最大达到 76.77%，总体降低 45.81%~23.23%，林带降低风速百分比随着林带高度的增加而增加。由此可见，相同配置的林带，削弱风速的作用及有效防护距离，主要与林带高度有关，林带高度越大，有效防护距离越大。

表 8-3　同一林带不同位置防风效能

编号	防风效能（%）					
	林带前		林带后			
	3H	1H	1H	3H	5H	7H
1	8.39	7.10	35.97	45.81	23.23	42.10
2	16.67	16.88	26.46	46.67	33.13	33.54
3	10.23	13.68	41.97	30.81	13.68	14.08
4	13.05	0.16	19.25	31.65	60.69	46.82
5	15.76	59.6	88.95	51.63	29.35	27.17
6	18.43	22.36	41.03	58.31	41.03	42.75

注：风速高度观测为 2m。

表 8-4　不同高度新疆杨林带降低风速作用

林高（m）	对照风速（m/s）	防风效能（%）	林带后各测点风速与旷野同高度风速的比值（%）			
			1H	3H	5H	7H
14.7	6.20	27.10	64.03	54.19	76.77	57.90
23.2	4.80	28.89	73.54	53.33	64.58	66.46
26	4.07	37.32	58.97	42.26	58.97	57.25

8.3.4　不同林带结构类型对防风效能的影响

防护林在特定空间形成特定外部形态，主要原因在于树种组成及各部分在林带内空间分布的差异，最终形成稀疏结构林带、疏透结构林带和通风结构林带。本实验通过测定 3 种不同类型林带，结果表明结构类型对林带防风效能有显著影响。从表 8–5 可以看出，不同林带结构的防护林防风效能具有显著性差异（α=0.05）。稀疏型林带的防风效能最大，平均为 41.37%，最高 45.41%；通风型防风效能最小，平均为 24.86%，最低 20.74%；疏透型居中，平均为 29.58%。出现这种现象的主要原因：稀疏型林带具有分布均匀的空隙，树干及枝叶等部分对气流的摩擦、分割和阻挡消耗较多动能，导致风速降低显著；疏透型林带树干部空隙较大，气流相对畅通，动能消耗较少，从而风速降低相应减少；与其他结构林带相比，通风型林带林干层通风孔道相对较多，气流阻力相对较小，风速降低不明显。基于以上原因，在乌兰布和沙区营建防护林时可根据当地情况尽可能选择稀疏型林带结构。

表 8-5　防护林带结构对防风效能的影响

林带编号	林带结构	调查类型	疏透度（%）	防风效能（%）	平均（%）
5	稀疏型	二白杨、沙枣、杜梨、沙柳	41	45.41	41.37
6		新疆杨	49	37.32	
2	疏透型	新疆杨	55	28.89	29.58
4		二白杨	51	30.27	
1	通风型	新疆杨	63	27.10	23.92
3		小美旱杨、沙枣	62	20.74	

8.3.5　林带疏透度与防风效能的关系

疏透度是区别林带结构是否优良的重要指标之一，也是评价林带结构的定量化指标。疏透度不同，防风效能也明显不同。从表 8–6 可以看出，林带防风效能较好的疏透度为 40%~51%。随林带平均疏透度的增加，防风效能逐渐降低。分层疏透度直接影响防风效果，例如 1 号和 3 号林带平均疏透度分别为 63% 和 62%，相差较小，但 3 号林干层疏透度比林冠层的疏透度大得多，防风效能明显减小。这说明分层疏透度的相差直接影响防风效果。5 号稀疏型林带林冠层与林干层疏透度相差 2%，与 6 号林带相比防风效能相对较好，6 号林带疏透度的值相差 4%，防风效能较 5 号差。2、4 号林带为疏透型林带，疏透度适中，但防风效能较稀疏型的差。1、3 号总的疏透度过大，防风效能最差。因此，在风沙区根据当地条件选择以稀疏型为主配置的主林带。

8.3.6　不同防护林降低风速效应

对中心 3 个实验场中 3 种结构林带防风效应进行观测，结果表明（表 8–7）：5 号、6 号稀疏结构林带，迎风面和背风面防风效能均最大，最大值分别为

37.68% 和 45.41%，风沙流穿越林带时受到一定的阻挡和摩擦作用，但是大部分均匀穿过林带，消耗能量的同时降低风速。2 号、4 号为疏透型林带，气流通过时形成 2 条途径，一条是从林带上部越过，形成高速区；另一条是从树冠部分穿过，在林后形成较多小涡旋，导致风速降低。对于通风结构的 1 号、3 号林带，气流到达林前时，与 2 号和 4 号林带相似，在林带上方形成高速区；中间气流平稳穿过林冠层；下层气流穿过树干部，形成涡旋和高速区，最终水平有效防护距离大。

结论：稀疏型林带防风效果最佳，平均为 41.37%，疏透型次之，为 29.58%，通风型防风效果最差，为 23.92%。林带防风效能较好的疏透度为 40%~50%，随着林带总平均疏透度的增加，防风效能显著降低。分层疏透度不同也直接影响防风效果，因此，林带结构应以稀疏型为主，林带总平均疏透度控制在 30%~50%，分层疏透度应控制在林冠层 30%~50%，林干层 50%。

表 8-6　林带疏透度对防风效能的影响

林带结构	编号	林带疏透度（%）			防风效能（%）
		林冠层	林干层	平均	
稀疏型	5	40	42	41	45.41
	6	47	51	49	37.32
疏透型	2	52	58	55	28.89
	4	48	54	51	30.27
通风型	1	61	65	63	27.10
	3	58	66	62	20.74

表 8-7　不同林带结构降低风速的作用

编号	对照点风速（m/s）	迎风面风速（m/s）		防风效能（%）	背风面风速（m/s）				防风效能（%）
		3H	1H		1H	3H	5H	7H	
1	6.2	5.68	5.76	7.75	3.97	3.36	4.76	3.59	27.1
2	4.8	4.00	3.99	16.78	3.53	2.56	6.21	3.19	28.89
3	7.53	6.76	6.50	11.96	4.37	5.21	6.50	6.47	20.74
4	6.13	5.33	6.12	6.61	4.95	4.19	2.41	3.26	30.27
5	5.52	4.65	2.23	37.68	0.61	2.67	3.90	4.02	45.41
6	4.07	3.32	3.16	20.37	2.40	1.72	2.40	2.33	37.32

8.4 消减沙尘暴作用明显

8.4.1 风速廓线

分析全年风速廓线可知（图 8–17），防护林外风速明显大于防护林网内风速，风速（V）随高度（h）增加均呈现递增趋势，防护林外风速廓线拟合方程为 V=1.49$h^{0.37}$（R^2=0.97，P<0.01），防护林内风速廓线拟合方程为 V=0.98$h^{0.46}$（R^2=0.99，P<0.01）。沙尘暴发生过程中防护林内外风速廓线与全年风速廓线趋势一致，也可用幂函数表示，防护林外风速廓线拟合方程为 V=3.97$h^{0.22}$（R^2=0.99，P<0.01），防护林内风速廓线拟合方程为 V=1.89$h^{0.38}$（R^2=0.97，P<0.01）。

沙尘暴发生过程中，9 个不同的高度上，防护林外的平均风速均大于防护林内，二者差值介于 0.88~2.34m/s，随着高度增加，二者差值逐渐减小，风速消减层主要在 24m 以下，沙尘暴经过防护林时，不同高度上风速消减范围为 9.26%~58.70%，平均消减 31.03%，风速消减最大值在 1m 处（58.70%）。表明农田防护林对于沙尘暴具有显著防风功能，当沙尘暴经过防护林时，近地层气流流场发生改变，因为林带的阻挡使得气流被迫抬升，从而减少进入防护林内的气流，这在一定程度上减轻了沙尘暴对防护林内部农作物的侵害。

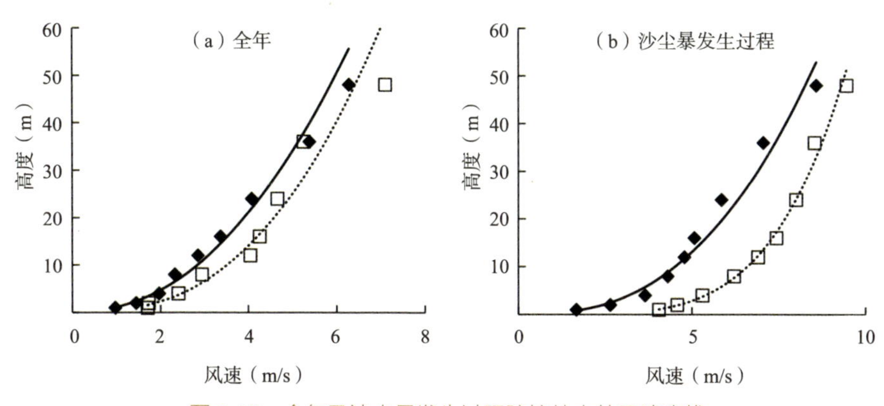

图 8-17　全年及沙尘暴发生过程防护林内外风速廓线

8.4.2 防护林内外风玫瑰图

风速决定近地层风沙运动，但风向决定风沙运动的方向，对风沙运动而言具有同等重要的作用。通过对乌兰布和沙漠东北缘防护林内外风向资料的统计分析可知（图 8-18），沙尘暴发生过程中，防护林内外主要以 W、WNW、NE 风向为主，但每个方向所占比例不同。防护林内 3 个方向分别占 46.53%、21.54% 和 15.34%，防护林外 3 个方向分别占 28.59%、22.99% 和 25.73%。防护林内外的风向基本一致，但防护林的存在改变了近地层气流流场，防护林内 W 方向起沙风所占比例较大，而防护林外 3 个风向所占比例较为均匀。

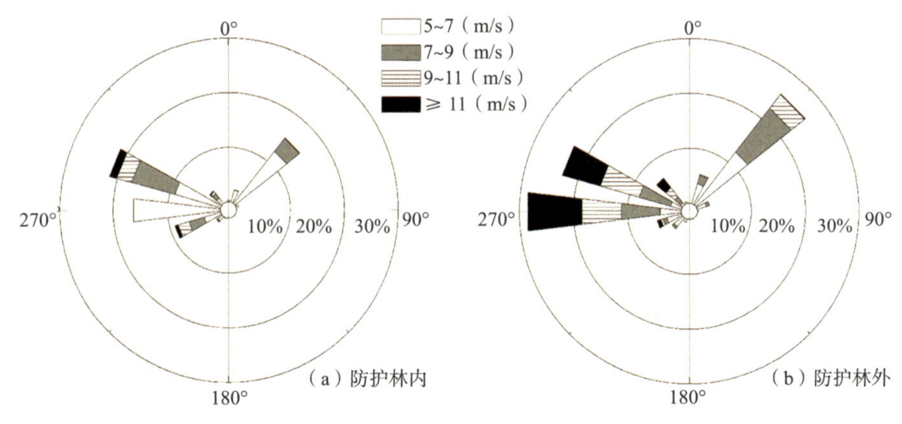

图 8-18 沙尘暴发生过程中防护林内外起沙风玫瑰图

同时，防护林还能明显削弱风速，防护林外 V ≥ 11m/s 的起沙风频率为 20.36%，而防护林内 V ≥ 11m/s 的起沙风频率仅为 5.61%，起沙风频率降低了 14.75%；防护林外 9m/s ≤ V<11m/s 的起沙风频率为 20.79%；防护林内 9m/s ≤ V<11m/s 的起沙风频率仅为 15.01%，起沙风频率降低了 5.78%；而 5m/s ≤ V<7m/s 和 7m/s ≤ V<9m/s 的风速均是防护林内大于防护林外。

当沙尘暴经过防护林体系时，防护林体系作为高大的粗糙元，一部分气流被抬升，在林冠上方形成速度相对较高的“自由流”，越过林带后又形成下沉气流，在背风区一定距离处向各个方向扩散；另一部分气流进入林带内，由于受树体的阻挡和摩擦，气流在分散的同时被消耗掉大量的能量，从而在林冠层下面形成速度较低的“束缚流”。因此，防护林内部高风速起沙频率降低，低风速频率相对增加。

8.4.3 沙尘水平通量

沙尘在风力作用下进行输送，输送过程中沙尘通量随着高度的变化产生差异。由图 8-19 可知，防护林外围沙尘水平通量（*MH*）随高度（*h*）增高显著减小，水平通量随高度的分布特征符合指数函数关系 $MH=ae^{bh}$，拟合方程为 $MH=760.55e^{-0.03h}$（$R^2=0.96$，$P<0.01$）；而防护林内部沙尘水平通量则随着高度的增高呈现缓慢上升的趋势，但变化幅度不大，在 107.88~223.30g/m²，其随高度的分布特征符合幂函数关系 $MH=ah^b$，拟合方程为 $MH=110.58h^{0.18}$（$R^2=0.92$，$P<0.01$）。此现象表明，沙尘暴发生时，防护林外围的沙尘水平通量主要从低层通过，在总输沙量大致相同的条件下，防护林体系的存在改变了低层气流的路径，随着风速增大，低层气流层中搬运的沙量减少，而上层输沙量则相应增加，因此，沙尘主要从高空通过。

沙尘暴通过防护林时，沙尘水平通量降低，防护林外围 0~50m 单次沙尘暴过程的平均沙尘水平通量为 475.51g/m²，而防护林内部只有 177.35g/m²，沙尘浓度降低了 298.16g/m²，并且随着高度的增高，二者差值逐渐减小，呈现出逐渐重合的趋势。从水平通量累计百分比分析，随着高度的增加，沙尘水平通量累计百分比增加幅度逐渐减小，0~24m 高度层防护林外围沙尘水平通量累计百分比增加幅度较大，而防护林内部相对较小，36~48m 高度层防护林内部沙尘水平通量累计百分比增加幅度逐渐增加，而防护林内部则逐渐趋于平稳，其中防护林外围 78.4% 的沙尘水平通量集中在 24m 以内，而防护林内部 24m 以内只占 53.5%。以上数据分析表明，随着高度增加，下垫面状况对沙尘暴沙尘水平通量的影响逐渐减弱。

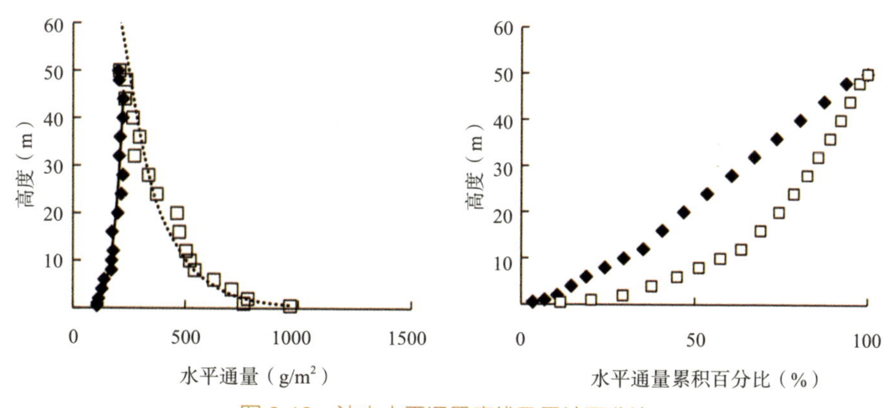

图 8-19　沙尘水平通量廓线及累计百分比

8.4.4 沙尘垂直通量

由图 8-20 可知，防护林内外沙尘垂直通量（MV）均随着高度（h）的增高呈现明显减小趋势，降尘量随高度的分布特征均符合幂函数关系 $MV=ah^b$。其中，防护林外围水平通量随高度变化的拟合方程为 $MV=4.88h^{-0.40}$（$R^2=0.93$，$P<0.01$），防护林内的拟合方程为 $MV=4.11h^{-0.45}$（$R^2=0.76$，$P<0.01$）。

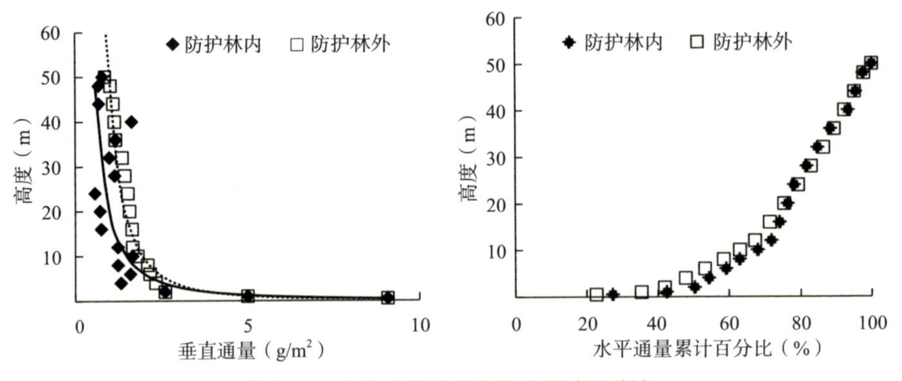

图 8-20　沙尘垂直通量廓线及累计百分比

防护林内外在 24m 下的沙尘垂直通量均呈逐渐减小的趋势，并且变化幅度相对较大，在 24m 以上防护林外的垂直通量持续减小，但是变化幅度逐渐减小，而防护林内的垂直通量在 24m 以上呈现逐渐增加的趋势，但是变化幅度较小。防护林外围 0~50m 内单次沙尘暴过程的平均沙尘垂直通量为 2.22g/m²，而防护林内部只有 1.85g/m²，二者的差值也随着高度的增高而逐渐减小，呈现出逐渐重合的趋势。防护林内的垂直通量廓线拟合方程的相关系数相对防护林外较小，由此可知防护林的存在能够显著影响沙尘的输送路径及分布特征。

从垂直通量累计百分比分析，随着高度的增加，沙尘垂直通量累计百分比增加幅度逐渐减小，但防护林内部和防护林外围增加幅度基本一致，二者 80% 的沙尘垂直通量均集中在 28m 以内。由此说明，沙尘暴经过防护林体系时，防护林对不同高度的沙尘垂直通量分配比例没有太大影响。

8.4.5　沙尘浓度

沙尘暴发生过程中，防护林内外沙尘浓度（C）均呈现随高度（h）增高而减小的趋势（图 8–21），防护林外沙尘浓度随高度的分布特征为指数函数 $C=65.50e^{-0.05h}$（$R^2=0.92$，$P<0.01$），防护林内沙尘浓度随高度的分布特征为幂函数 $C=21.95h^{-0.20}$（$R^2=0.76$，$P<0.01$）。

防护林外沙尘浓度随着高度增加逐渐减小，在 1m 处最大（83.79mg/m³），8m 处迅速下降到 44.82mg/m³，12~24m 高度层为 24.64~14.00mg/m³，36~48m 高度层平缓下降；防护林内沙尘浓度在 1m 处最大（25.16mg/m^3），4~48m 高度层平缓下降，沙尘浓度为 8.37~15.42mg/m^3。防护林外沙尘浓度平均值为 37.24mg/m^3，防护林内仅为 14.76mg/m^3，随着高度的增加，二者差值逐渐减小，并且有重合的趋势，此现象说明沙尘浓度在高空受下垫面状况影响较小。

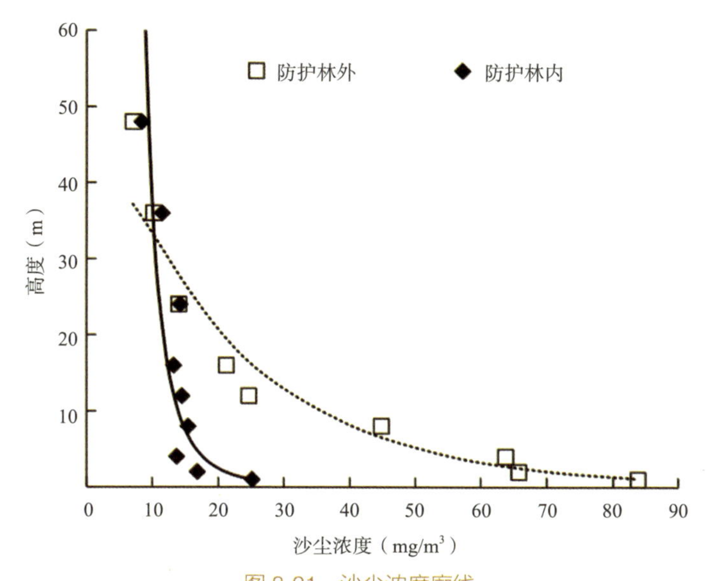

图 8-21 沙尘浓度廓线

结论：

①沙尘暴发生过程中，在垂直梯度上，乌兰布和沙漠东北缘防护林内外风速均随高度增加呈现递增趋势，风速廓线特征遵循幂函数 $V=ahb$，随着高度的增加，二者差值逐渐减小，风速消减层主要在 24 m 以下；在水平梯度上，沙尘暴经过防护林体系时风速显著削弱，平均消减 31.03%，风速消减最大值在 1 m 处（58.70%）。

②沙尘暴发生过程中，防护林内外主要以 W、WNW、NE 风向为主，但每个方向所占比例不同，防护林内 3 个方向分别占 46.53%、21.54% 和 15.34%，防护林外 3 个方向分别占 28.59%、22.99% 和 25.73%。沙尘暴经过防护林时，高风速起沙风频率减弱，而低风速起沙风频率相应增加。

③防护林外沙尘水平通量随高度增高显著减小，其垂直分布特征符合指数函数关系，防护林内沙尘水平通量则随着高度的增高呈现缓慢上升的趋势，但变化幅度较小（107.88~223.30g/m^2），其垂直分布特征符合幂函数关系；防护林内外

沙尘垂直通量均随着高度的增高呈现明显的减小趋势，其垂直分布特征均符合幂函数关系。沙尘暴通过防护林时，沙尘水平通量降低了 298.16g/m^2，垂直通量降低了 0.37g/m^2。防护林外围 78.4% 的沙尘水平通量集中在 24m 以内，而防护林内部 24m 以内只占 53.5%，而二者 80% 的沙尘垂直通量集中在 28m 以内。

④防护林内外沙尘浓度均呈现出随高度增高而逐渐减小的趋势，防护林外沙尘浓度垂直分布特征符合指数函数关系，防护林内沙尘浓度垂直分布特征符合幂函数关系；沙尘暴通过防护林时，平均沙尘浓度降低了 22.48g/m^2。

8.5 缓解霜冻作用效果明显

晚霜冻害是我国西北地区常见自然灾害之一，发生频度大、范围广，严重影响早播作物的生长发育和经济效益。晚霜冻害严重的地区只能选用生长期较短的作物推迟播种，导致轮作品种单调，降低了农业产量和农产品品质。以 2004 年 5 月 3 日晨发生在内蒙古河套平原的大面积霜冻为例，对防护林体系缓减霜冻的效果进行调查，简要探讨防护林体系对霜冻诸因子的影响。

冻害严重程度用死苗率表示，死苗率按冻害发生后冻死苗数占已出苗数的百分比计算。对沙林中心第一实验场受灾严重的瓜类和番茄进行逐块调查并制图，周边乡镇的同类数据由磴口县农业局提供。单株树干材积通过量取树木胸径，再查“西北地区林木材积表”获得。单株树木地上总生物量 = 树干材积 + 枝条材积 + 树叶体积，其中树叶体积所占比例可忽略不计。根据经验估计，单株总生物量与树干材积之比约为 4∶3。单株树木热容量 = 单株地上总生物量 × 容重 × 比热，活立木容重按 0.9t/m^3、比热按 2721kJ/（℃·t）计。

林木在霜冻发生过程中，将白天积蓄的热量通过降温释放传导给经过其周围的冷空气，单株树木的放热量等于其热容量与降温幅度之积。降温幅度以 5 月 2 日最高温度 14.4℃与 5 月 3 日最低温度 –2.8℃之差 17.2℃计算。

不同结构的林网其单位面积上平均拥有的立木总生物量不同，放热量也具有相应的差异。单位面积平均放热量等于绿洲区单位面积平均株数与单株树木放热量之积。气象资料为林网中心部位建立的定位气象观测站和距林缘 2.5km 处设置的对照观测站的观测数据。

8.5.1 不同林网状况下的作物死苗率

由于林网对气流的阻挡作用，可使寒流气体在林网区抬升，减少寒流气体与近地面气体的热量交换；树体放热可使近地面寒流气体得到热量补充；林冠层的反射作用也对保持地面热量起到一定作用。这些因素可使霜冻发生时，林网区近地面温度较无林空旷地高。此次霜冻过程中，林网中心区最低气温为 –2.8℃，无林区为 –4.8℃，林网区较无林区最低气温高 2℃。从表 8–8 中看出，与沙林中心邻近而防护林结构不够完整的渡口乡、巴彦高勒镇、补隆淖镇、乌兰布和农场冻害程度明显高于防护林结构较完整的沙林中心。

表 8-8 不同防护林状况下的作物死苗率

地点	番茄面积（hm^2）	番茄死苗率（%）	瓜类总面积（hm^2）	瓜类死苗率（%）
渡口乡	178	60	131	70
巴彦高勒镇	80	45	4	60
补隆淖镇	73	80	149	60
乌兰布和农场	13	70	53	70
沙林中心	13	22	10	16

8.5.2 林网区内部的树木放热量、上风部林带完整性与冻害的关系

由于林网区上风部及林网内树体参与变温层热交换，使变温层热容量增大，穿越林网的冷空气较无林区多接收了林网的降温放热量。表 8–9 列出了几个典型林网区内部的树木放热量、上风部林带完整性与瓜类平均死苗率的关系，由此可以看出，小规模林网区的冻害与上风部林带的完整性关系密切，林网区内部的树木放热则只对纵深部位的霜冻有缓解作用。实地调查时发现，密集的树木可对其林下作物起到很强的保护作用，如一块苹果梨园中树下间作的小麦几乎未出现叶部冻害，而单作小麦则出现程度不同的叶部冻害。

表 8-9 林网区内部的树木放热量、上风部林带完整性与瓜类死苗率

地点	面积（hm^2）	胸径（cm）	树高（m）	蓄积量（m^3/hm^2）	放热量（kJ/hm^2）	上风部林带完整性	瓜类死苗率（%）
老植物园	22.4	25	18	46.5	2568978.6	差	34.8
老点	46.2	26	20	34.5	1878596.2	差	24.0
七连桥西	16.8	29	18	30.0	1727934.2	差	22.7

（续）

地点	面积（hm^2）	胸径（cm）	树高（m）	蓄积量（m^3/hm^2）	放热量（kJ/hm^2）	上风部林带完整性	瓜类死苗率（%）
红房子	41.4	28	20	61.5	3470061.7	中	16.3
家属院北	10.5	30	20	16.5	937445.5	好	8.6
二白杨地	28.8	22	21	10.5	565029.6	好	6.1

8.5.3 林网区不同纵深距离缓减冻害的效果

由于林网的阻挡作用，林网区风速只达到无林区风速的 67%，即流经林网区下层冷空气总量较无林区减少 33%（风速为 5 月 2 日 14 时至 5 月 3 日温度降至最低的 4 时的平均风速）。在流经林网区的下层冷空气总量较少的前提下，冷空气经林木降温放热传导而逐步加热，导致产生霜冻的能力随流经林网区纵深增大而逐步衰减。

冻害发生时，风向为西南方向。以老植物园冻害分布情况为例，从表 8–10 中看出，以防护林的林网边缘为起点沿风向量取距离，在距防护林网边缘 90m 的范围内，瓜类的平均死苗率达到 67.5%；距林网边缘 90~190m 的范围内，瓜类的平均死苗率为 14.2%；距林网边缘 190m 以上的防护林内部瓜类平均死苗率为 7.8%。

表 8-10 防护林不同纵深距离的瓜类平均死苗率

与防护林迎风边缘的距离（m）	0~90	90~190	190 以上
死苗率（%）	67.5	14.2	7.8

8.5.4 林冠层反射对冻害的影响

由于林网区形成了多层吸收结构，白天短波辐射吸收量较无林区多 10%~20%，夜间林冠层可反射部分地面长波辐射，有类似放烟防冻的效果。这种效果在林带南侧附近表现更为明确，类似于阳畦效应。

从表 8–11 中看出，在防护林的一个网格内瓜类死苗率随着与北侧防护林距离的增加而增大。

防护林结构较完整区域的冻害明显轻于防护林不够完整区域；寒流进入林网区后，产生霜冻的能力随纵深距离增大而逐步衰减；在防护林的一个网格内，北侧林带具有类似阳畦效应的防冻效果。由此建议，应加强绿洲区农田防护林的建设力度，着力完善林网结构，特别重视农田周围闲散荒地的造林绿化。鉴于冻害的发生尚与微气候条件、作物所处的生育期和耐寒生理状态有关，本书只能从大面积统计数据给出一个粗线条的概念。此次大面积严重霜冻的发生是一个小概率事件，它同时说明积累防护林体系对霜冻缓减作用方面的科学数据是十分困难的。

表 8-11　防护林的一个网格内瓜类死苗率

与北侧防护林的距离（m）	0~23	23~45	45~53
死苗率（%）	0	6	14.5

8.6 缓减冰雹灾害效果显著

8.6.1 磴口“6 · 13”雹灾概况

“6 · 13”雹灾云系从狼山附近开始生成，2016 年 6 月 3 日，午后磴口县、临河区、五原县几乎同时触发强对流雹暴。据磴口县气象局报告，6 月 13 日，强对流云团直径为 25km，影响范围 1000km^2；回波强中心直径 12km，影响范围 450km^2。县城降雹时间为 15: 13~15: 25，冰雹最大直径 30mm，瞬时最大风速 23.6m/s。乌兰布和农场冰雹最大直径 50mm，持续 8 分钟。磴口县共有 5 个镇（苏木）、4 个农场受灾，造成直接经济损失 8312.1 万元。农业区造成小麦大面积倒伏，农作物受灾面积 8959hm^2，成灾面积 7168hm^2，绝收面积 1144.4hm^2，受灾农业设施 417 栋、20.6hm^2，直接经济损失 8022.1 万元。林业方面，造成幼树、苗木皮层脱落，成年树木树干皮层出现大量伤口。城区造成供电、路灯等直接经济损失 290 万元。建筑物外墙保温、玻璃大量破损，车辆风挡和外装破损。

沙林中心下属 4 个实验场均有灾情，第四实验场冰雹伴随大风吹倒胸径 20~35cm 的新疆杨 460 多株、沙枣 30 多株。第二实验场、第四实验场均有强烈雹灾，重灾区纵向长度达 40km 以上，作物平均保存率在 50% 以下的重灾区横向宽度达 4km 左右。

8.6.2 研究方法

（1）标准样地的选定和调查

经过踏查对比，选择第四实验场重灾区核心位置设置典型对照样地。该样地中无林带保护的玉米、向日葵地（对照）位于上风部，与防护林保护的玉米、向日葵地最近点相距 60m，最远点相距 360m。林网内外农作物品种、密度、播种时间、立地条件、耕作措施一致，雹灾前长势基本一致。由于林网内外对照样地位于重灾区核心部位，且样地间距离尺度比重灾区宽度小得多，据此可认为在该样地范围内落雹量基本均匀，林网内外农作物灾情差异体现了防护林对冰雹的动力减灾作用。样地区防护林树种为新疆杨，树龄 20 年，株距 1m、行距 3m，2 行；东西走向林带南北间距 87m、南北走向林带东西间距 170m。逐株调查树高、胸径，清点保存株数计算保存率，利用照相法测算林带疏透度，主要参数见表 8–12。

表 8-12　两个防护林网格样地林带主要参数

网格号（作物）	平均树高（m）	平均胸径（cm）	林带保存率（%）	疏透度
1（玉米）	19.15 ± 6.47	23.92 ± 4．41	81	0.10
2（向日葵）	19.33 ± 4.27	23.12 ± 6．69	66	0.14

玉米的雹损表现为叶片撕裂、迎风面叶鞘破损、生长轴断裂等。以生长轴能否继续沿原轴线向上生长作为判据，用能够继续沿轴线生长的植株占总数之比作为保存率进行灾情调查。林网内玉米地由西向东设置 5 个样地，南北宽 2m、东西长 30m。由北向南设置 8 个样地，宽 2m、长 6m。林网外玉米地由东向西设置 7 个样地，宽 2m、长 30m。林网内外玉米地均未进行补种，秋收时进行常规测产。向日葵的雹损调查与玉米相似，林网内向日葵进行了补种；林网外向日葵保存率为 0，用晚播品种重种。

（2）雹块初始水平速度的估算

通过雹云移动速度估算雹块初始水平速度。利用巴彦淖尔市气象局多普勒雷达资料解析对流云团的移动轨迹，通过一定时段内对流云的移动距离算出对流云的移动速度。起算点位于第四实验场附近，终点位于磴口县城附近，涵盖大部分重灾区段。

（3）雹块水平速度的高度分布

将建筑物外墙保温层破损近似理解为雹块撞击的结果，则破损程度的差异反映了雹块水平速度的差异。实际观测选取破损面颜色与墙体颜色对比明显的建材城墙面和汽车站钟楼墙面。建筑物建成年限较短，雹灾发生前墙面无破损。建材城建筑物为二层商铺，均质墙面高度 0~6m；汽车站钟楼为方柱状高塔，均质墙面高度 11.58~40.08m。对雹损墙面进行拍照，利用 ImageJ 图像处理软件分析破损面积所占的百分比。其中，建材城商铺采用整张照片分层统计，层高 1m，层位以中位线高度表示。汽车站钟楼墙面存在不同高度的水平装饰分隔线，采用分层拍照统计，层位以分隔线高度的均值表示。据邵氏硬度仪测量结果，建材城商铺外墙保温层硬度 0~30HD，汽车站钟楼外墙保温层硬度 50~66HD，本研究针对不同建筑物统计数据，未做合并分析。

（4）雹块竖直速度的高度分布

沙林中心生态站建有高 50m 的通量塔，其上装有 18 套沙尘水平通量仪，分别在 50、48、44、40、36、32、28、24、20、16、12、10、8、6、4、2、1、0.5m 高度。通量仪水平顶盖为 400 目金属丝网，外形主体为梯形（梯形腰长 24cm、上底宽 2cm、下底宽 7.6cm），梯形下底外接一个与梯形两腰光滑过渡的大半圆。由于生态站位于重灾区中部，通量仪顶盖受到严重破损。由于通量仪顶盖呈水平姿态，表面比较光滑，因此顶盖破损程度主要由雹块的竖直速度决定，可认为不同高度顶盖破损程度能近似反映雹块竖直速度随高度的变化。顶盖金属丝网边缘与盒体之间以点焊方式固定，雹块打击力首先容易在焊接点附近造成破坏，且容易从破损点随焊接线延伸，因而顶盖边缘撕裂长度显著大于顶盖中心撕裂长度。以金属丝网边缘撕裂长度之和统计不同高度冰雹竖直速度。

（5）雹块水平末速度的估计

测量重灾区磴口建材城商铺北墙上的雹块擦痕长度、宽度及倾角（图 8-22）。利用雹块竖直速度和擦痕倾角估算雹块水平末速度。

图 8-22 雹块在墙面的擦痕

8.6.3 林网对雹灾的缓减作用

灾后调查显示，林网内玉米平均保存率达 87%，林网外上风部裸地玉米平均保存率为 24%，前者为后者的 3.6 倍；林网内玉米保存率以网格中心最低，靠近林带的部位较高；林网外玉米保存率以靠近林网区保存率较高，远离林网处保存率最低（图 8-23）。向日葵茎秆没有叶鞘包裹，生长轴抗雹灾能力不及玉米。林网外上风部裸地向日葵保存率为 0，林网内向日葵在林带背风面附近保存率最高达 58%，距离林带背风面 40m 外（林网中心部位）即趋于 0。

8.6.4 雹块初始水平速度的估计

雷达监测结果显示：2016 年 6 月 13 日，磴口雹灾冰雹云系 13: 39 位于阿拉善盟东北部和乌拉特后旗交界处（105.7°E、40.8°N），块状回波逐渐加强并向东南移动，14: 35 回波单体进入阿盟与磴口交界处，14: 52 移到沙林中心第四实验场附近，对流单体面积扩大，进入发展旺盛阶段，强中心反射率因子增强至 63dBZ，并与东北部反射率因子为 38dBZ 的带状回波合并。15: 09 移到磴口县城附近，15: 36 移出磴口边界。以 14: 52 对流云前沿移动到第四试验场为起点，对应的对流云质点中心在纳林套海北部（质点 1）；15: 09 对流云到达磴口县城，对应的对流云质点中心在乌兰布和农场北部（质点 2）。

质点 1 到质点 2 距离 33.62km，历时 16 分钟 27 秒，则对流云移动速度为 34.1m/s。雹云的快速移动，使雹块具有很大的初始水平速度。若忽略雹云的旋转运动，可将雹云移动速度近似估计为雹块初始水平速度。

8.6.5 近地面雹块速度的竖直变化

（1）近地面雹块水平速度的竖直变化

建筑物墙面的破损程度随高度下降而减轻（图 8-24），说明雹块的水平速度随高度下降而减小。

（2）近地面雹块竖直速度随高度的变化

金属丝网中心和边缘撕裂长度都与高度呈正相关（图 8-25），近地面雹块的竖直速度随高度下降而减小，相关性较小可能是由于金属丝网面积较小。

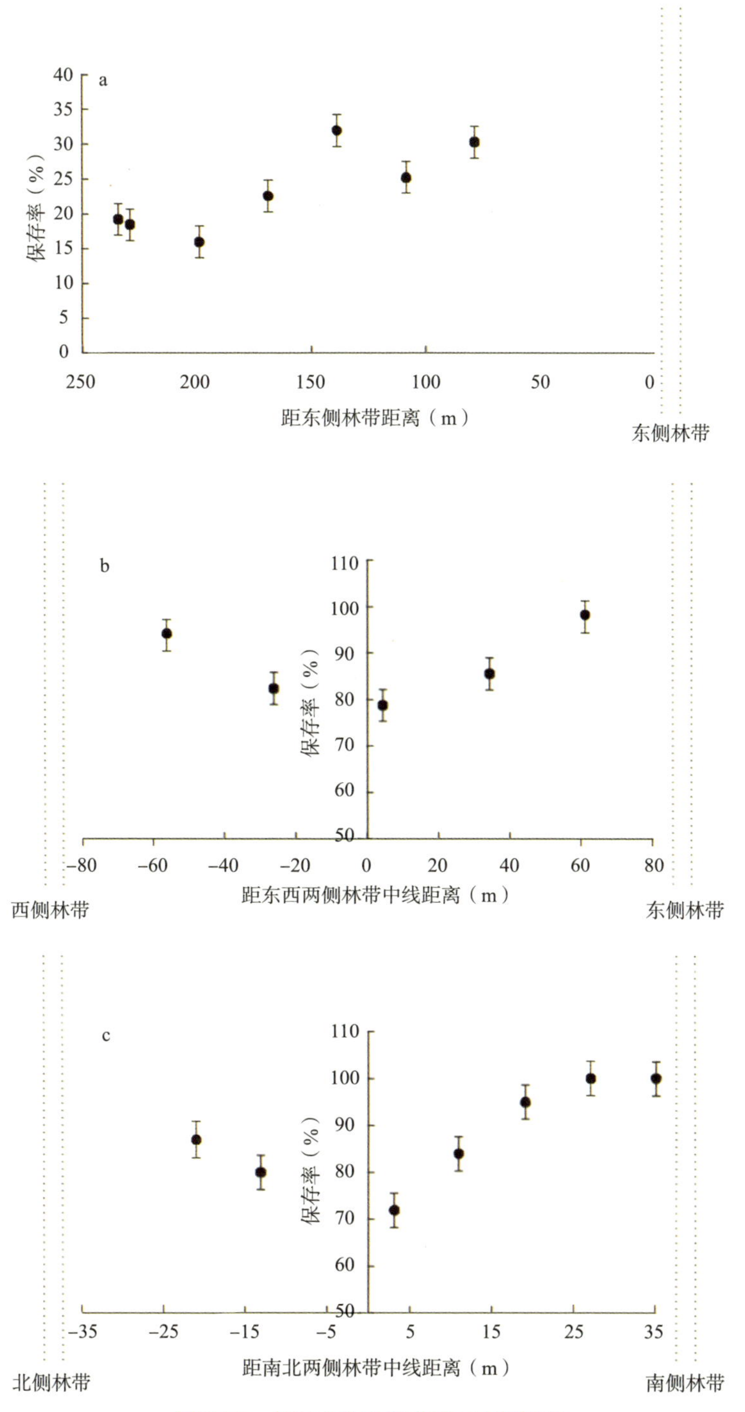

图 8-23　林网内外冰雹灾后玉米保存率

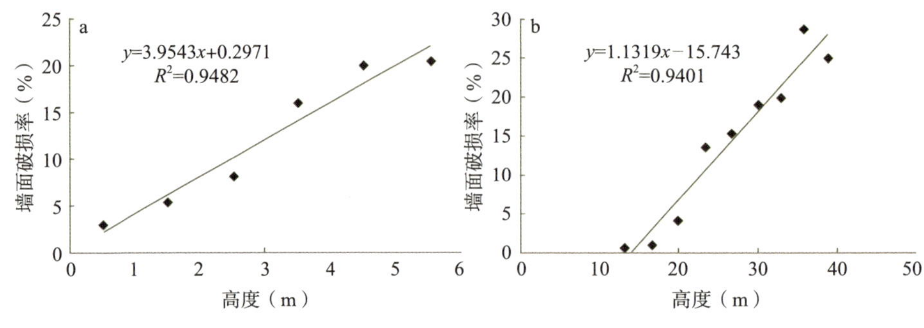

图 8-24　建筑物墙面破损率的高度变化

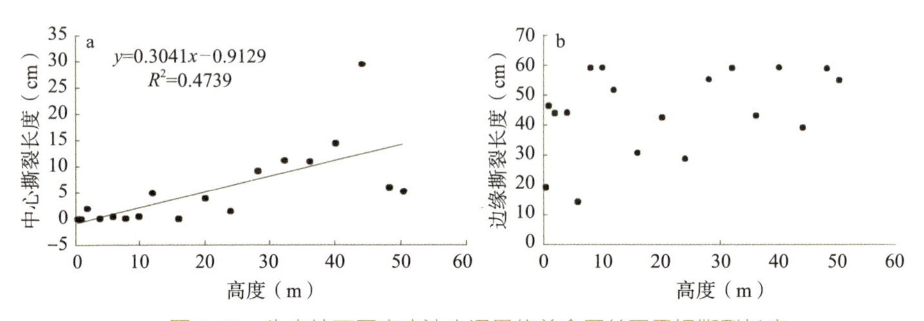

图 8-25　生态站不同高度沙尘通量仪盖金属丝网雹损撕裂长度

8.6.6　雹块水平末速度的估计

解析出 11 处长宽比较大的擦痕倾角（表 8-13），最小倾角 37°，最大倾角 55°，平均为 47.6°。考虑到北墙与冰雹下落迹线存在一个不大的方位夹角，该夹角会导致擦痕倾角大于雹块的下落角，经验估计建材城雹块的平均下落角在 45° 左右，则雹块的水平速度与竖直速度基本相等。1.0~4.0cm 直径的雹块重力平衡速度在 14.87~26.00m/s（Roos，2010），雹块竖直速度随高度下降而逐渐减小，说明雹块在落地前尚未达到重力平衡速度，在近地面高度上雹块的竖直速度不小于重力平衡速度。

林网内、外玉米灾后植株保存率分别为 87%、24%。雹块近地面水平速度和竖直速度均随高度降低而减小，与风速廓线形态和下沉气流在近地面的截止趋势一致。防护林缓减雹灾作用的动力学机理：防护林与雹块间存在以空气为介质的动力作用，林带阻碍近地面气流运动，遏制近地面含雹气流的下沉和辐散，雹块进入林网低风速区后接受比无林区更大的空气阻力，竖直和水平速度均显著降低，致灾能力降低。本研究为防护林的营建与减灾效益评估提供了科学依据。

表 8-13 建材城商铺北墙保温层上的冰雹擦痕倾角

擦痕序号	擦痕宽度（cm）	擦痕长度（cm）	擦痕倾角（°）
1	1.5	3	50
2	2	11	46
3	2	9	50
4	2.5	11	44
5	2.5	6.5	37
6	2.5	13	54
7	2.5	7	49
8	2.5	8	44
9	3	21	41
10	3	7.5	55
11	3.5	7	53

8.7 植物群落多样性显著增加

8.7.1 山前→绿洲的植被变化

乌兰布和沙漠东北部的阴山支脉——狼山山前地带景观类型包括荒漠植被带、沙漠和人工绿洲。由于山体高度较低，再加降水稀少，山前形成地表径流少，戈壁带发育受限，天然绿洲发育缺失，沙漠有一定的发展，山前平原为第四纪湖积层或古黄河的冲积层，大多被开发为人工绿洲。而山前平原开发的人工绿洲的地势向山前倾斜，灌溉渗漏补给地下水的运动，必然对荒漠植被发育产生影响。乌兰布和东北部山前→绿洲植被分异及其群落结构特征见表 8-14，植被分异规律为柠条锦鸡儿群落→白刺群落→白刺 + 梭梭群落→柽柳 + 盐爪爪群落，而柠条锦鸡儿群落是山前典型的隐域植被。

柠条锦鸡儿群落分布在狼山山前洪积扇上缘，其上缘还有蒙古扁桃群落分布，虽然它在本区分布面积极少，但它是戈壁荒漠特有种。柠条锦鸡儿属于亚洲中部荒漠的阿拉善地方种，群落在山前呈带状分布，宽度约 3km，主要伴生植物有小禾草（小画眉草 *Eragrostis minor*、冠芒草 *Pappophorum* spp.、三芒草 *Aristida adscensionis* 等），盖度 20%~50%，表明水分条件较好。而分布区地下水埋深在十几米至几十米，区域的自然降水在 100mm 左右，但群落生长旺盛，自然更新较好，山前地形的增雨作用应是在山前带状分布的主导因素。

白刺群落也呈带状分布在柠条群落的下缘，与柠条锦鸡儿群落呈过渡分布，分布部位属于山前洪积扇的下缘，宽度约3km，生长郁郁葱葱，盖度在60%，自然更新良好，长势明显好于区域内白刺种群，说明这里是它的适生环境，分布机理应与柠条锦鸡儿相近，同时也可能与这里地下水埋深较浅有关。

白刺+梭梭群落分布于白刺群落下缘，属于地带性景观分异的沙漠部位，梭梭散生于白刺群落中，局部梭梭有集中分布，有的地方也有沙冬青出现，伴生植物有盐爪爪、沙米等。梭梭是乌兰布和沙漠东北部人工绿洲外围防风固沙性能最优良、生产应用最广泛的树种，其根部可人工接种经济价值较高的药用植物——肉苁蓉，梭梭分布的出现，表明了典型的荒漠植被特征。

柽柳+盐爪爪群落分布远离山体靠近人工绿洲边缘及其外围的低洼地段，伴生植物有角果盐蓬（*Suaeda Corniculota*）、芦苇等，这里地下水位较浅，在0.5~1.5m。

上述表明山前→绿洲边缘构成群落植被的优势种明显不同，水平空间尺度上群落变异性大，反映了山前→绿洲边缘植被的环境变化较大。由表8-14可知，山前天然植被柠条群落平均生物量最大，为53.72kg/100m^2，优势度较高，为0.581，而多样性指数和均匀度指数均不高，分别为1.1043和0.3934。白刺群落多样性指数和均匀度指数均比柠条锦鸡儿群落略高，优势度略低，盖度最大，达60%，表明其环境条件要好于柠条群落，稳定性也较高。绿洲边缘及外围的柽柳+盐爪爪群落，多样性指数和均匀度在4个植被类型中最高，分别为2.284和0.7205，优势度最小，为0.254，生物量较大仅次于柠条群落，说明其生境条件较好，群落稳定性较高，有利于正向演潜。沙漠基质上发育的白刺+梭梭群落多样性指数和均匀度在4个植被类型中最低，分别为0.6255和0.1808，而优势

表8-14　山前→绿洲边缘植物群落特征

植被类型	样地类型	总盖度（%）	生物量（kg/100m^2）	丰富度（R）	多样性指数（D）	均匀度（J）	优势度（C）
柠条群落	山前	24	53.72	7	1.1043	0.3934	0.581
白刺群落	山前	61	31.76	5	1.3116	0.5649	0.463
白刺+梭梭	绿洲外围	22	26.9	11	0.6255	0.1808	0.818
柽柳+盐爪爪	绿洲边缘	33	47.74	9	2.284	0.7205	0.254

度最高，为 0.818，生物量也最小，反映出群落结构性简单，稳定性差。由此可见，乌兰布和沙漠的山前植被带和绿洲边缘带依然具有比较好的植被构成，凭借山前良好的水分条件和局部地形的保护，可以为绿洲的发育提供天然屏障，并在植被恢复过程中起到一定的种源作用。

8.7.2 绿洲边缘及其低湿地植被的变化

乌兰布和沙漠东北部大面积人工绿洲主要是在开发固定、半固定平缓沙丘基础上形成的，绿洲边缘及外围广泛分布的天然植被为油蒿群落，是当地最主要的地带性植被，为进一步防治风沙危害，在绿洲边缘主要营造固沙灌木林；而绿洲边缘及绿洲间的低湿地主要发育盐生植被及栽植的耐盐人工林。人工绿洲边缘和绿洲间低地由于长期受灌溉侧渗的影响，水分条件相好得多，人工林下自然植被的侵入与演替植被人工林以柽柳、沙枣为主，天然灌木以柽柳为主，可呈群落分布，半灌木有盐爪爪，主要以多年生草本和一年生短命植物为主，如芨芨草、芦苇、盐角草（*Salicornia europaea*）。

绿洲边缘人工林梭梭、花棒和沙拐枣，具有良好的防风固沙作用，有效减轻了绿洲的风沙危害。调查区固沙林林龄多在 22~25 年，当年的原始景观为流动沙丘，灌木固沙林的营造，为其他天然植物种的侵入创造了有利条件，林间大空隙绝大部分为半灌木油蒿占据，白刺有少量侵入，短命植物多为五星蒿、虫实、画眉草。梭梭、花棒适应性强，目前林分未见衰退，而沙拐枣、蒙古羊柴（*Corethrodendron fruticosum* var. *mongolicum*）适应性差，固沙林大面积死亡，仅有少量植株零散分布。以沙拐枣固沙林为例，造林 12 年后，林分开始衰退，逐年枯死，油蒿大量侵入，目前植被盖度可达 60%，营养苗可占到植株数的 1/5，说明更新良好，演替后的植被可持续性强，固沙作用反而有所提高，这正是我们所追求的生态目标。相反，这几种人工固沙灌木树种自身却无法完成自然更新，显现出人工林的弱点，即不可持续性。绿洲边缘及绿洲间低湿地，具有为绿洲排水排盐的作用，大面积的湿地也有改善气候的生态功能，地表自然发育或人造的植被，具有降低地下水位的作用，柽柳群落在沙源丰富的绿洲边缘又具有显著的固沙作用，可形成 3~10m 高的固沙灌丛，对绿洲具有良好的生态保障作用。

从植被结构特征来看（表 8-15），人工绿洲边缘经多年演替的人工固沙林，生物多样性指数和均匀度在 4 个植被类型中最低，仅有 0.738 和 0.2222，而优势度最高，达 0.797，说明群落处于不稳定状态，正在演替之中，且演替的速度还比较快；其总盖度、生物量又是4个植被类型中最高的，较大生产力的特征有利于防风固沙作用的发挥，成为绿洲的重要屏障。两个绿洲低湿地植被类型，由于水分条件好，多样性指数和均匀度都比较高，而优势度较低，其中，天然群落柽柳——盐爪爪的多样性指数和均匀度明显高于人工林柽柳和沙枣林，而优势度较低，说明天然群落结构复杂，稳定性强，优于人工林群落。而同是绿洲边缘沙漠基质人工林与天然油蒿群落相比，油蒿群落多样性指数和均匀度分别为0.896和0.6581，优势度为0.561；人工灌木林油蒿群落多样性指数和均匀度分别为0.738和0.2222，优势度为0.797。虽然人工林经20余年的演替，多样性指数已有大的提高，与油蒿群落接近，但均匀度明显小于油蒿群落，优势度明显大于油蒿群落，同样表明天然群落各项指标优于人工林。这里需要注意的是虽然人工林具有比较好的防风固沙效果，但是群落稳定性差，如果树种选择不合理，配置方式不适宜，或者是密度过大，就会造成人工林过早衰退死亡。

表8-15　绿洲边缘及其低湿地植被特征

植被类型	样地类型	总盖度（%）	生物量（kg）	丰富度（*R*）	多样性指数（*D*）	均匀度（*J*）	优势度（*C*）
人工林：梭梭、花棒、沙拐枣	绿洲边缘	51	106.49	10	0.738	0.2222	0.797
人工林：柽柳、沙枣	绿洲低地	42	13.26	17	1.7636	0.5309	0.415
柽柳—盐爪爪	绿洲低地	36	25.13	9	2.3261	0.7338	0.225
油蒿	绿洲边缘	45	13.17	6	0.896	0.6581	0.561
籽蒿＋沙竹	流沙对照	10	6.32	4	0.6216	0.3108	0.791

8.7.3　绿洲→沙漠方向上植被的梯度变化

乌兰布和沙漠东北部人工绿洲开发的另一种模式将是绿洲建设在流动性较强的沙漠边缘，由于绿洲直接受到沙漠侵袭及风沙危害严重，往往在绿洲边缘建立大型的防风固沙基干林带，对保护绿洲免受沙漠危害发挥着重要的生态屏障作用，同时，基干林带外围天然植被的好坏又直接影响其生态功能的持续性。绿洲和沙漠是一对矛盾的统一体，矛盾的转化最终体现在植被的消长上、是否产生质的改变上。通过这种模式开发的绿洲在磴口县占有相当的面积，而且建设的年限较早，绿洲边缘、外围直至沙漠由于长期受绿洲的影响，天然植被的演替相对充分，群落变化特征明显，绿洲→沙漠的水平方向上呈现梯度分布规律，群落特征见表 8-16。

表 8-16 绿洲至沙漠植被梯度特征值

植被类型	样方类型	总盖度（%）	生物量（kg）	丰富度（R）	多样性指数（D）	均匀度（J）	优势度（C）
白刺群落	绿洲边缘	83	102.30	6	0.9341	0.6341	0.533
白刺 + 油蒿	绿洲过渡带	40	44.15	8	1.3129	0.6564	0.482
油蒿群落	绿洲外围	25	22.27	5	1.3901	0.5987	0.504
籽蒿－沙竹	绿洲外围（近沙漠）	15	6.34	4	0.6216	0.3108	0.791

天然白刺群落紧靠绿洲边缘的大型基干林带外围，由于经常受绿洲灌溉侧渗补给，生长旺盛，枝叶茂密，枝条呈匍匐状或半直立，枝条受沙埋后，易发不定根，阻截流沙，以其风积聚沙作用，形成连绵起伏的沙山，向外分布的范围为40~100m，高度 3~6m，固沙作用十分强大。同时对保护绿洲及其大型基干林带具有良好的作用。在调查区发现，凡是在绿洲外围有白刺群落保护的基干林带，生长相对较好，而没有白刺群落保护的基干林带生长不良，甚至大面积死亡，主要原因在于外围没有白刺固定流沙，流沙直接侵入基干林带，积沙过高，水分条件变差，导致林木死亡。表 8-16 表明，绿洲边缘白刺群落具有高盖度、高生物量的特点，盖度高达 83%，样方生物量干重高达 102.30kg，接近人工灌木林106.49kg，多样性指数和均匀度均低于其外围的白刺 + 油蒿群落，仅比绿洲最外围沙漠边缘的籽蒿－沙竹群落低，而优势度则正好相反；白刺 + 油蒿群落和油蒿群落两个群落相比，多样性指数、均匀度和优势度均相差不大；籽蒿－沙竹群落位于沙漠边缘的流沙区，多样性指数和均匀度均较低，分别为 0.6216 和0.3108，而优势度最高，为 0.791。从生物量来看，绿洲至沙漠方向，随远离绿洲，生物量显著下降，白刺群落→白刺 + 油蒿群落→油蒿群落→籽蒿－沙竹群落的样方生物量干重分别为 102.30kg、44.15kg、22.27kg 和 6.34kg，紧靠绿洲边缘的白刺群落生物量是沙漠边缘籽蒿－沙竹群落的 16.14 倍，各群落的盖度变化与生物量的变化趋势相一致，究其原因在于水分条件逐渐变差。

绿洲边缘向沙漠方向上，天然植物群落在空间尺度上的梯度演变过程与格局分布特点，是绿洲－荒漠系统演变的结果，这对绿洲荒漠植被的恢复与重建具有重要的指导作用。这种变化也反映了绿洲外荒漠植物物质与能量转化的差异性变化。同时也表明绿洲与沙漠植被之间存在相互依存关系。因此，在绿洲经营管理和开发利用方面，应该全面考虑二者之间的联系和相互影响，正确处理开发与保护的关系，绿洲的开发不能无节制地建立在掠夺绿洲－沙漠过渡带上的资源，绿洲化是荒漠生态系统良性演变的过程，但是超越绿洲－荒漠生态系统承载力的人工绿洲化过程是危险的。同时要特别重视绿洲边缘白刺群落的固沙作用以及对绿洲防护林体系的保护作用，要采取技术措施，加强保护，这对绿洲防护林体系的可持续发展有重要意义。

8.8 增产效益明显

在风沙危害严重的地区，如果没有林带的保护，常常会遭到风沙危害的袭击，使得农作物大幅度减产，甚至颗粒无收。风沙危害是乌兰布和沙区东北部人工绿洲的主要灾害，农田防护林在防治风沙危害方面具有无可替代的作用。研究表明（表 8–17），防护林网能够显著地提高农业作物产量，在林网内小麦、籽瓜、甜菜的单位产量分别比林网外提高 45.8%、155.7%、25.0%。且在防护林网内小麦各生长性状均优于网外（表 8–18），林网内各年度小麦产量分别比网外农田提高 39.0%、55.3%、45.8%。

表 8-17　绿洲防护林网内外不同作物产量调查

编号	防护林年龄	作物名称	林网内产量（kg/hm^2）	林网外产量（kg/hm^2）	增产率（%）
1	13	小麦	5250.0	3601.5	45.8
2	13	籽瓜	1342.5	525.0	155.7
3	13	甜菜	52500.0	42000.0	25.0

表 8-18　绿洲防护林网内外小麦生长指标调查

绿洲年限	位置	产量（kg/hm^2）	千粒重（g）	作物高（cm）	穗长（cm）	空粒数（穗）
12	网外	3498.0	34.21	67.1	6.5	3.0
	网内	4863.0	36.47	76.4	7.1	2.4
	增产率	39.0%				
13	网外	3426.0	34.87	64.2	5.7	3.1
	网内	5322.0	41.11	68.7	6.5	2.1

（续）

绿洲年限	位置	产量（kg/hm^2）	千粒重（g）	作物高（cm）	穗长（cm）	空粒数（穗）
13	增产率	55.3%				
	网外	3601.5	35.50	65.4	5.7	3.4
14	网内	5250	39.84	81.7	8.6	2.5
	增产率	45.8%				

第 9 章 磴口模式取得的经济、社会效益

9.1 王爷地肉苁蓉

内蒙古王爷地苁蓉生物有限公司（以下简称王爷地公司）致力于防沙治沙20年，在沙区种植梭梭林2万多亩，人工接种肉苁蓉2万亩，研发生产的肉苁蓉茶、肉苁蓉饮品等系列产品年产值达1亿元，不仅不和农业争水抢地，还能防风固沙，走出了一条“以生态产业养生态工程”的可持续发展道路。

2020年，王爷地公司开始种植耐旱、耐盐碱的多年生半常绿灌木四翅滨藜，并在其根部进行接种肉苁蓉试验，试种面积11亩。2022年，经过磴口县农牧和科技局等部门测产，认定四翅滨藜肉苁蓉产量为每亩300kg以上，标志着该物种在乌兰布和沙漠试种成功。四翅滨藜肉苁蓉口感好，氨基酸、维生素等有效成分含量比较高。按照每亩地产300kg鲜苁蓉、每千克市场价格20元估算，每亩四翅滨藜肉苁蓉产值可达6000元，生态效益、经济效益可观。

王爷地公司在磴口县沙金苏木温都尔毛道嘎查架子滩建设“乌兰布和沙漠10万亩人工接种肉苁蓉荒漠化治理示范基地”项目，经自治区发展和改革委员会批复，总投资20076.96万元，利用4年时间，依托公司与中国农业大学中药材研究中心合作，按照有机认证的标准，共同研发肉苁蓉人工接种可持续利用技术体系，计划建设了10万亩（公司自营5万亩，带动周边农户发展5万亩）林、水、电、路等配套，人工栽植梭梭接种肉苁蓉为主的荒漠化治理示范基地，带动1000多农户从事肉苁蓉产业，同时建设了梭梭等沙生灌木种苗繁育基地和500亩肉苁蓉良种繁育基地及肉苁蓉初加工厂等；为有机认证的需要，建设了奶牛（有机奶）、肉羊养殖场，形成以林业生态治理和肉苁蓉生物工程为主业、多元化

经营格局的可持续发展沙产业循环经济新模式。

肉苁蓉产业是内蒙古自治区得天独厚的优势产业，目前市场供应的肉苁蓉产品大部分是初级产品，研发肉苁蓉精深加工产品、提高产品档次和溢价能力、走品牌发展的道路，有利于提高肉苁蓉及其产品的整体形象，在行业中起到示范引领作用。

9.2 光伏产业园

磴口县地处乌兰布和沙漠东部边缘，年日照时数 3300 小时以上，充沛的光能资源和广袤的荒漠沙区是发展光伏产业的优势所在。磴口县紧紧抓住这一有利条件，进行光伏治沙，通过大力招商引资，先后引进国华、国电投、国电、中广核、大唐等企业。截至 2023 年，磴口县共有 13 家企业建成光伏发电项目，总投资 50 亿元，年平均利用光照达 1700 小时、发电量 15.4 亿 kW · h，并网规模 77 万 kW。其中，国电投已建成光伏发电治沙项目 8000 多亩，已全部实现板上发电，日发电量 160 万 kW · h。

光伏板下 85% 的面积采用草方格固沙，栽植了梭梭、四翅滨藜、甘草等沙生植物和中药材，在对沙漠实现有效治理的同时实现光伏发电与生态治理双赢。国电投三、四期项目总装机容量 200MW 于 2023 年 3 月 28 日全容量并网，总发电量 9450 万 kW · h，单日最高发电 120 万 kW · h，投产直接发电效益总收益 2500 万元。

2024 年，磴口县紧紧围绕实现“双碳”目标，全面建设乌兰布和沙漠千万千瓦级光伏基地，“十四五”期间，计划投资 600 亿元，装机规模达到 1200 万 kW，实现固沙面积 34 万亩，并网后发电量达 240 亿 kW · h，发力“板上产绿电制绿氢、板间长绿草养畜禽、板下变绿洲生绿金”的三产融合新赛道，变沙地为草地、变沙场为电场，以光锁沙、以草固沙，实现经济效益、生态效益和社会效益共赢。

9.3 生态旅游

除了光伏治沙，发展沙草产业，磴口县还立足沙水合一的资源优势，积极转变发展思路，将旅游业作为强县产业大力推进。利用“大漠孤烟直”的优美意境，大力发展沙漠探险、穿沙越野、低空飞行等旅游产业，着力打通“绿水青山”与“金山银山”的双向转化通道。

立足丰富的历史文化资源禀赋，依托黄河、大漠风光优势，磴口县全力打造“沿黄、沿湖、沿沙、沿山、红色教育”5 条精品旅游路线，大力开发黄河文化、百湖湿地、观沙越野、阴山历史等旅游产品；深入挖掘河套文化、黄河文化、美食文化的内涵，将文化元素融入旅游产业的各个环节。

融合乡村振兴战略，加大田园综合体建设力度，培育乡村旅游重点村和乡村旅游星级接待户，打造融科学性、艺术性、文化性为一体的现代农业休闲观光景点和农家乐。

将工业园区、万亩光伏园、圣牧有机牧场等作为旅游景点精心打造。通过“旅游 +”多元化发展模式，形成满足不同游客需求层次的旅游体验项目，构建多样化的旅游产品和服务体系，实现旅游产品转型升级和产业链条延伸。仅 2023 年 1~5 月，磴口县接待国内游客 29.16 万人次，实现旅游收入 1.35 亿元。

9.4 圣牧高科生态草业

巴彦淖尔市圣牧高科生态草业有限公司十几年埋头苦干，投入 75 亿元，栽下 9700 万株沙生树木，将 200 多 km^2 的沙漠改造为绿洲，在这片被外国专家断言“不可能生长作物、不可能完成土地改良规划、不可能实现人工种植”的沙漠腹地，打造了全球首创的种养加一体化沙漠有机循环产业链。

巴彦淖尔市圣牧高科生态草业有限公司于 2010 年 5 月成立，注册资金 16866 万元，位于内蒙古巴彦淖尔市磴口县，是集土地开发、饲草种植、饲料销售全产业链于一体的股份制公司。巴彦淖尔市圣牧高科生态草业有限公司自成立以来，已发展 16 个集约化牧场，在乌兰布和沙漠种植开发有机饲草，整合开发有机饲草种植基地 20 万亩，种植具有治沙功能的多年生留茬苜蓿、饲料桑、柠条等有机饲料，年产有机牧草 20 万 t，通过种养结合、产销促进，有效地控制土地沙化，实现保水、保土、保肥的生态效益，促进乌兰布和沙漠地区实现草、粮、经 4 ∶ 3 ∶ 3 的生态产业目标，成为内蒙古乃至西北地区规模最大的专业沙草产业实体之一。

巴彦淖尔市圣牧高科生态草业有限公司自成立以来，得到了磴口县委、县政府的大力扶持和国家牧草与青贮饲料研究中心的技术支持，获得土质测验、科学播种、田间管理、品种培育方面的全程扶持和指导。巴彦淖尔市圣牧高科生态草业有限公司于 2011 年 5 月 11 日取得中绿华夏有机食品认证中心颁发的有机产品认证证书，通过中绿华夏认证的有机饲草基地有 8 万亩，有机奶牛 3 万多头，有机种养基地已成为规模较大、具有引领示范效应的基地。

巴彦淖尔市圣牧高科生态草业有限公司计划在磴口县乌兰布和沙漠、河套灌区和乌拉特前、中、后旗沙漠地区投资开发种植 80 万亩多年生沙生有机饲料作物，在 6 年内分两个阶段实施。计划投入资本金 25000 万元，其中前期投入 11000 万元，主要通过股东私募的方式完成，后期投入 14000 万元，通过上市公募资本金方式解决。

项目计划在乌兰布和沙漠地区及周边农牧接合带以改良现有低产农田为主，改良建设 20 万亩节水高效的有机牧草、饲料桑种植基地。同时，在项目成熟的条件下，分步、分片改造沙地，新开发 25 万亩以饲料桑为主的饲料种植基地。共计改良、改造 60 万亩沙地，用于优质有机牧草、饲料桑草业种植。低产地农田改造以种植优质苜蓿为主，新开发沙地以饲料桑为主，实现开发与治理并重的实效。

目前，巴彦淖尔市圣牧高科生态草业有限公司治理有机牧草饲料种植基地 34 万亩，建成和待建成养殖基地 32 万亩，在种植青贮玉米、苜蓿、燕麦草等有机牧草饲料作物的同时，开发有机中药材产品。10 年间，巴彦淖尔市圣牧高科生态草业有限公司面向社会，扶持 2 万多农牧民走上增收致富的小康之路，市场全产业链就业 100 多万人，为国家创税 4 亿元，圆了圣牧人变荒漠为绿洲、创高端品牌的草业梦想。

9.5 漠北金爵葡萄酒

内蒙古漠北金爵葡萄酒庄有限公司于 2015 年 10 月在磴口县市场监督管理局注册。酒庄位于具有“百湖之乡”美誉的巴彦淖尔市磴口县沙金套海苏木巴音温都尔嘎查，地处乌兰布和沙漠腹地的纳林湖和奈伦湖之间、黄河冲积扇的边缘、阴山山脉的东南边缘。这里是适宜葡萄生长的黄金地带，土质以沙质土为主，富含有机质和矿物质，是具有阳光、沙漠、河流、湖泊、山脉特征的葡萄产区。

酒庄占地面积约 2000 亩，经过近 10 年的不懈努力，现已建成进入盛果期的葡萄园 830 余亩，年产优质酒庄酒 500t。公司被评为内蒙古自治区级林业产业化重点龙头企业、自治区级扶贫龙头企业、巴彦淖尔市防沙治沙沙产业示范基地、市级扶贫龙头企业。

公司充分利用乌兰布和沙区小气候的资源优势，遵循“多采光、少用水，新技术、高效益”的沙产业理论，努力打造乌兰布和沙漠的产区优势，秉承“好葡萄酒是种出来的”理念，以打造酒庄酒为落脚点。经权威机构鉴定，酒庄酿酒葡萄品质优于同纬度其他产区。葡萄酒从种植、生产、酿造、灌装等全过程，都在酒庄内完成。

葡萄种植和葡萄酒业将成为磴口区域经济发展的一项重要产业，未来内蒙古漠北金爵葡萄酒庄有限公司将致力于把“漠北金爵”打造成一个小而精、小而特、小而专的有机生态葡萄庄园，为巴彦淖尔市及周边葡萄产业的发展起到示范和带头作用。

参考文献

边凯，高君亮，辛智鸣，等，2021. 乌兰布和沙漠东北缘绿洲防护林体系防风阻沙能力研究 [J]. 首都师范大学学报（自然科学版），42（1）：48-53.

宝山，李丰，李忠，等，1999. 几种杨树对光肩星天牛的抗性研究 [J]. 北京林业大学学报，21（4）：97-100.

蔡玉成，马晖，曹川健，等，1999. 树种对光肩星天牛早期抗性鉴定方法的初步研究 [J]. 北京林业大学学报，21（7）：37-42.

曹新孙，1983. 农田防护林学 [M]. 北京：中国林业出版社 .

陈曦，2019. 沙区光伏电站对气固两相流及地表土壤粒径的影响研究 [D]. 呼和浩特：内蒙古农业大学 .

陈晓娜，郝玉光，段娜，等，2019. 水分胁迫和氮添加对白刺根系形态的调控效应 [J]. 安徽农业大学学报，46（5）：810-814.

陈晓娜，李清河，段娜，等，2020. 干旱胁迫下氮添加对白刺根系形态和内源激素的影响 [J]. 西南农业学报，33（2）：279-283.

陈旭东，陈仲新，赵雨兴，1998. 鄂尔多斯高原生态过渡带的判定及生物群区特征 [J]. 植物生态学报，44（4）：25-31.

成铁龙，张景波，贾玉奎，等，2015. 唐古特白刺硬枝扦插繁殖技术 [J]. 林业科技开发，29（5）：45-48.

崔杨，陈正洪，2018. 光伏电站对局地气候的影响研究进展 [J]. 气候变化研究进展，14（06）：593-601.

董雪，辛智鸣，段瑞兵，等，2020. 乌兰布和沙漠典型灌木群落多样性及其生态位 [J]. 干旱区研究，37（4）：1009-1017.

段娜，刘芳，徐军，等，2016. 乌兰布和沙漠不同结构防护林带的防风效能 [J]. 科技导报，34（18）：125-129.

段娜，汪季，李清河，等，2019. 施氮对白刺灌木幼苗生长的影响 [J]. 西北林学院学报，34（5）：57-61.

范志平，高俊刚，曾德慧，等，2010. 杨树防护林带三维结构模型及其参数求解 [J]. 中国科学：地球科学，40（3）：327-340.

房建军，韩一凡，胡建军，等，2002. 美洲黑杨回交群体生长量与酚甙类次生代谢产物含量的变异 [J]. 林业科学，38（4）：40-45.

冯林艳，周火艳，赵晓迪，等，2024. 乌兰布和沙漠两种植物的分布格局及其变化 [J]. 南京林业大学学报（自然科学版），48（1）：155-160.

甘开元，张金霞，陈丽娟，等，2023. 乌兰布和沿黄河段植物群落特征及空间分异 [J]. 中国沙漠，43（4）：180-190.

高君亮，罗凤敏，刘泓鑫，等，2023. 乌兰布和沙漠草方格 - 灌木林对土壤水分物理性质的影响 [J]. 干旱区研究，40（5）：737-746.

关文彬，李春平，李世峰，等，2002. 林带疏透度数字化测度方法的改进及其应用研究 [J]. 应用生态学报，13（6）：651-657.

郝玉光，2007. 乌兰布和沙漠东北部绿洲化过程生态效应研究 [D]. 北京：北京林业大学 .

何远政，黄文达，赵昕，等，2021. 气候变化对植物多样性的影响研究综述 [J]. 中国沙漠，41（1）：59-66.

胡建军，2002. 美洲黑杨叶面积、生长量、酚类物质及抗虫性状基因定位 [D]. 北京：北京林业大学 .

胡大志，常钰凤，2024. 无人机遥感技术在林业资源调查监测中的运用 [J]. 现代园艺，47（2）：136-138.

黄彩霞，柴守玺，赵德明，等，2015. 氮磷肥配施对冬小麦灌浆期光合参数及产量的影响 [J]. 植物学报，50（1）：47-54.

黄雅茹，刘芳，马迎宾，等，2016. 乌兰布和沙漠霸王与白刺秋季光合日变化特征比较 [J]. 甘肃农业大学学报，51（4）：78-83.

黄雅茹，马迎宾，郝玉光，等，2019. 乌兰布和沙漠东北缘白刺群落与油蒿群落土壤养分特征分析 [J]. 山东农业大学学报（自然科学版），50（4）：559-565.

吉木斯，2010. 哈腾套海国家级自然保护区野生动物区系调查研究 [J]. 绿色科技（9）：121-124.

贾晓红，李新荣，李元寿，等，2011. 腾格里沙漠东南缘白刺种群性状对沙埋的响应 [J]. 生态学杂志，30（9）：1851-1857.

姜凤岐，于占源，曾德慧，等，2009. “三北”防护林呼唤生态文明 [J]. 生态学杂志，28（9）：1673-1678.

姜凤岐，朱教君，曾德慧，等，2003. 防护林经营学 [M]. 北京：中国林业出版社 .

金栋梁，刘予伟，2013. 森林水文效应的综合分析 [J]. 水资源与水工程学报，24（2）：138-144.

李丰，刘荣光，宝山，等，1999. 选择诱杀树种防治光肩星天牛、黄斑星天牛的研究 [J]. 北京林业大学学报，21（4）：85-89.

李宽，李陟宇，张正福，等，2023. 荒漠化影响及防治对策 [J]. 内蒙古农业大学学报（自然科学版），44（6）：79-93.

李培都，高晓清，2021. 光伏电站对生态环境气候的影响综述 [J]. 高原气象，40（3）：702-710.

李强，宋彦涛，周道玮，等，2014. 围封和放牧对退化盐碱草地土壤碳、氮、磷储量的影响 [J]. 草业科学，31（10）：1811-1819.

李炜，张景波，2009. 激素和浓度对唐古特白刺嫩枝扦插生根效应的初步研究 [J]. 陕西农业科学，55（1）：58-59.

李文龙，刘美英，张有新，等，2020. 植被恢复模式对光伏阵列间土壤养分的影响 [J]. 山西农业大学学报（自然科学版），40（5）：16-23.

李星，2022. 乌兰布和沙漠植物群落相异性及其影响因素 [J]. 中国沙漠，42（5）：187-194.

李颖惠，2021. 内蒙古磴口县奈伦湖国家湿地公园简介 [R]. 磴口县人民政府 .

梁宝君，李宏，潘凌安，2007. 试论"三北"防护林与社会主义新农村建设 [J]. 防护林科技（3）：39-41.

刘世荣，温远光，王兵，等，1996. 中国森林生态系统水文生态功能规律 [M]. 北京：中国林业出版社 .

刘芳，郝玉光，辛智鸣，等，2014. 乌兰布和沙漠东北缘地表风沙流结构特征 [J]. 中国沙漠，34（5）：1200-1207.

刘芳，郝玉光，辛智鸣，等，2017. 乌兰布和沙区不同下垫面的土壤风蚀特征 [J]. 林业科学，53（3）：128-137.

刘芳，郝玉光，徐军，等，2014. 乌兰布和沙区风沙运移特征分析 [J]. 干旱区地理，37（6）：1163-1169.

刘芳，2008. 油蒿容器育苗试验 [J]. 防护林科技（1）：9-10.

刘海江，郭柯，2005. 沙埋对中间锦鸡儿幼苗生长发育的影响 [J]. 生态学报，25（10）：2550-2555.

刘明虎，张建平，苏智，等，2019. 绿洲防护林缓减冰雹灾害的动力学机制 [J]. 生态学杂志，38（9）：2833-2839.

刘拥军，鲁飞飞，倪俊艳，等，2016. 内蒙古纳林湖国家湿地公园建设现状及发展对策 [J]. 林业资源管理，（6）：22-25.

刘中志，2016. 光伏发电项目环境影响评价分析及防治 [J]. 资源节约与环保（8）：8-9.

卢琦，2000. 中国沙情 [M]. 北京：开明出版社：127-129.

罗凤敏，高君亮，辛智鸣，等，2020. 乌兰布和沙漠东北部不同下垫面的小气候变化特征 [J]. 农业工程学报，36（10）：124-133.

罗凤敏，高君亮，辛智鸣，等，2019. 乌兰布和沙漠东北缘防护林内外沙尘暴低空结构特征 [J]. 干旱区研究，36（4）：1032-1040.

罗凤敏，高君亮，辛智鸣，等，2021. 乌兰布和沙漠绿洲防护林体系小气候效应研究 [J]. 南京林业大学学报（自然科学版），45（5）：143-152.

马迎宾，郝玉光，黄雅茹，等，2015. 乌兰布和沙漠东北部绿洲边缘 2 种天然植被特征研究 [J]. 林业资源管理，（5）：76-80+138.

马玉明，姚洪林，王林和，等，2004. 风沙运动学 [M]. 呼和浩特：远方出版社，271-275.

马媛，刘芳，郝玉光，等，2021. 乌兰布和沙漠典型植被群落生长特性 [J]. 温带林业研究，4（2）：19-24+53.

孟江丽，2013. 西北干旱区水资源利用与生态环境响应研究——以新疆白杨河流域为例 [J]. 水资源保护，29（2）：38-42.

秦锡祥，高瑞桐，李吉震，等，1985. 不同杨树品种对光肩星天牛抗虫性的调查研究 [J]. 林业科学，21（3）：310-314.

秦锡祥，高瑞桐，李吉震，等，1996. 以杨树抗虫品种为主综合防治光肩星天牛技术的研究 [J]. 林业科学研究，9（2）：202-205.

曲涛，邱立新，曹川健，等，2011. 光肩星天牛防治技术规程 LY/T 1961—2011[S]. 北京：中国标准出版社 .

曲浩，赵哈林，周瑞莲，等，2015. 沙埋对两种一年生藜科植物存活及光合生理的影响 [J]. 生态学杂志，34（1）：79-85.

任乃芃，李一坤，朱柏全，等，2024. 光伏电板对草甸草原植物群落特征及物种多样性的影响 [J]. 生态学杂志，43（3）：766-772.

尚小伟，武文一，卫建军，等，2024. 我国沙漠地区光伏产业与生态治理分析 [J]. 绿色科技，26（4）：27-33.

宋子刚，2007. 森林生态水文功能与林业发展决策 [J]. 中国水土保持科学（4）：101-107.

孙宏义，颜长珍，韩致文，等，2010. 民勤农田防护林对作物增产的贡献率 [J]. 甘肃林业科技，35（2）：43-47+70.

孙技星，钟成，何宏伟，等，2021. 2000—2015 年中国土地荒漠化连续遥感监测及其变化 [J]. 东北林业大学学报，49（3）：87-92.

田润民，于静波，赵卫东，2003. 沙枣树对光肩星天牛种群诱控功能的初步研究 . 内蒙古林业科技（4）：23-25.

田政卿，张勇，刘向，等，2024. 光伏电站建设对陆地生态环境的影响：研究进展与展望 [J]. 环境科学，45（1）：239-247.

汪殿蓓，暨淑仪，陈飞鹏，2001. 植物群落物种多样性研究综述 [J]. 生态学杂志，20（4）：55-60.

王红瑞，洪思扬，秦道清，2017. 干旱与水资源短缺相关问题探讨 [J]. 水资源保护，33（5）：1-4.

王晋萍，董丽佳，桑卫国，2012. 不同氮素水平下入侵种豚草与本地种黄花蒿、蒙古蒿的竞争关系 [J]. 生物多样性，20（1）：3-11.

王林龙，李清河，徐军，等，2016. 沙埋对白刺表型可塑性的影响 [J]. 林业科学研究，29（3）：442-447.

王涛，2015. 光伏电站建设对靖边县土壤、植被的影响研究 [D]. 杨凌：西北农林科技大学 .

王欣雯，郭鹏，申彦波，2017. 太阳辐射长期变化对固定式并网光伏电站最佳倾角的影响分析——以北京地区为例 [J]. 气象科技进展，7（1）：118-121.

王蕤，巨关升，秦锡祥，1995. 毛白杨树皮内含物对光肩星天牛抗性的探讨 [J]. 林业科学，31（2）：185-187.

王建园，秦锡祥，韩一凡，1992. 杨树抗云斑天牛新品种的选育 [J]. 林业科学，28（2）：170-174.

王希蒙，吕文，张真，1987. 杨树对光肩星天牛抗性的初步研究 [J]. 林业科学，23（1）：95-99.

王志刚，包耀贤，2000. 减负放权促进绿洲防护林健康发展 [J]. 防护林科技（3）：85-88.

王志刚，任昱，2012. 林带冬季相结构参数及透风系数的算法推导 [J]. 林业科学研究，25（1）：36-41.

王志刚，苏智，刘明虎，等，2018. 新疆杨与北抗杨抗光肩星天牛特性的比较 [J]. 林业科学，54（9）：89-96.

王志刚，辛智鸣，赵英铭，等，2014. 我国绿洲防护林冬季相防风效应的估算 [J]. 林业科学，50（8）：90-96.

王志刚，杨东慧，1998. 林带冬季相立木疏透度及其设计方法的研究 [J]. 中国沙漠，18（1）：87-90.

王志刚，赵英铭，司芳芳，等，2014b. 绿洲防护林立木蓄积量指数及其应用 [J]. 林业科学，50（7）：113-120.
王志刚，1991. 林带有断空概率的模拟计算与最佳设计行数的推导 [J]. 林业科学，27（2）：126-131.
王志刚，1995. 乌兰布和沙漠东北部风沙灾害与防护林带参数探讨 [J]. 中国沙漠，5（1）：79-83.
王志刚，1994. 乌兰布和沙漠东北部绿洲防护林要素设计研究综述 [J]. 内蒙古林业调查设计（2）：3.
温俊宝，吴斌，骆有庆，等，2006. 多树种合理配置抗御光肩星天牛灾害控灾阈值的研究 [J]. 北京林业大学学报，28（3）：123-127.
吴斌，温俊宝，骆有庆，等，2006. 多树种合理配置抗御光肩星天牛灾害的效益评估及决策 [J]. 北京林业大学学报，28（3）：128-132.
肖平，张敏新，1999. 美国林业税制及潜鉴 [J]. 世界林业研究，12（3）：60.
阎浚杰，阎晔辉，1999. 光肩星天牛生态控制模式的研究 [J]. 河北农业大学学报，22（4）：83-87.
杨雪彦，燕新华，周嘉熹，1991. 杨树对光肩星天牛的抗性研究 [J]. 西北林学院学报，6（2）：30-37.
辛智鸣，黄雅茹，章尧想，等，2015. 乌兰布和沙漠白刺与沙蒿群落多样性及其对降水的响应 [J]. 河南农业科学，44（1）：117-120+142.
徐军，陈海玲，李清河，等，2017. 土壤水分含量对白刺幼苗表型可塑性生长的影响 [J]. 西北林学院学报，32（2）：101-105.
姚原，顾正华，李云，等，2020. 森林覆盖率变化对流域洪水特性影响的数值模拟 [J]. 水利水运工程学报，（1）：9-15.
尹洁，唐益谨，李锋，2023. 生态学视角下中国光伏产业创新适宜度评价及提升研究 [J]. 中国科技论坛（8）：74-85.
张春霞，1997. 完善林业新税制的研究 [J]. 林业经济（1）：52.
张刚，魏典典，邬佳宝，等，2014. 干旱胁迫下不同种源文冠果幼苗的生理反应及其抗旱性分析 [J]. 西北林学院学报，29（1）：1-7.
张克斌，周嘉熹，1984. 抗黄斑星天牛的树种及其机制的研究初报 [J]. 西北农学院学报（3）：87-92.
张麟村，1999. 对制定森林生态效益补偿基金征收管理办法的看法 [J]. 林业财务与会计（6）：5.
张晓明，余新晓，武思宏，等，2005. 黄土区森林植被对坡面径流和侵蚀产沙的影响 [J]. 应用生态学报（9）：1613-1617.

张星耀，骆有庆，2003. 中国森林重大生物灾害 [M]. 北京：中国林业出版社，30-55.
张建波，2022. 内蒙古哈腾套海国家级自然保护区夏季岩羊分布与数量调查 [J]. 内蒙古林业调查设计，45（4）：67-69.
张景波，郝玉光，苏智，等，2009. 唐古特白刺嫩枝扦插繁殖技术研究 [J]. 内蒙古农业大学学报（自然科学版），30（4）：80-86.
张景波，王志刚，2008. 绿洲防护林体系缓解霜冻作用的调查研究 [J]. 防护林科技（5）：14-16.
张仁懿，史小明，李文金，等，2015. 亚高寒草甸物种内稳性与生物量变化模式 [J]. 草业科学，32（10）：1539-1547.
张志达，李世东，1999. 德国生态林业的经营思想主要措施及其启示 [J]. 林业经济（2）：68.
赵鹏宇，高永，陈曦，等，2016. 沙漠光伏电站对空气温湿度影响研究 [J]. 西部资源，72（3）：125-128.
赵杏花，左合君，高永，等，2014. 激素处理对白刺硬枝扦插的影响 [J]. 西北林学院学报，29（4）：109-113.
赵英铭，王志刚，2009. 磴口绿洲防护林不同配置模式防风效应的试验 [J]. 防护林科技（1）：10-12.
赵英铭，辛智鸣，王志刚，等，2013. 绿洲林网区上层动力速度与防风效应估算 [J]. 林业科学，49（10）：93-99.
周茂荣，王喜君，2019. 光伏电站工程对土壤与植被的影响——以甘肃河西走廊荒漠戈壁区为例 [J]. 中国水土保持科学，17（2）：132-138.
周国逸，2016. 中国森林生态系统固碳现状、速率和潜力研究 [J]. 植物生态学报，40（4）：279-281.
周士威，程致力，尹洁芬，1987. 林带防风效应的实验 [J]. 林业科学，23（1）：11-23.
周新华，姜凤岐，林鹤鸣，1992. 数字图像处理法确定林带疏透度投影误差和影缩误差研究 [J]. 应用生态学报（2）：111-119.
周新华，张艳丽，1990. 草牧场防护林带对牧草质量和草场生产力影响的评价 [J]. 东北林业大学学报（5）：28-37.
周章义，刘文蔚，刘志柏，1994. 高抗光肩星天牛的杨树优良品种 [J]. 北京林业大学学报，16（1）：28-34.
周忠学，孙虎，李智佩，2005. 黄土高原水蚀荒漠化发生特点及其防治模式 [J]. 干旱区研究（1）：29-34.
朱教君，郑晓，闫巧玲，2016.“三北”防护林工程生态环境效应遥感监测与评估研

究 [M]. 北京：科学出版社，

朱教君，郑晓，2019. 关于“三北”防护林体系建设的思考与展望——基于 40 年建设综合评估结果 [J]. 生态学杂志，38（5）：1600-1610.

朱廷曜，关德新，吴家兵，等，2004. 论林带防风效应结构参数及其应用 [J]. 林业科学，40（4）：9-14.

朱震达，1998. 中国土地荒漠化的概念、成因与防治 [J]. 第四纪研究（2）：145-155.

朱廷曜，关德新，周广胜，等，2001. 农田防护林生态工程学 [M]. 北京：中国林业出版社：88-89，93-96.

ARAKI K，NAGAI H，LEE K H，et al，2017. Analysis of impact to optical environment of the land by flat-plate and array of tracking PV panels[J]. Solar Energy，144（Complete）：278-285.

ALILA Y，KURAŚ K P，SCHNORBUS M，et al，2009. Forests and floods：A new paradigm sheds light on age-old controversies[J].Water Resources Research，45（8）：W08416.1-W08416.1.

DECH J P，MAUN M A，2006. Adventitious root production and plastic resource allocation to biomass determine burial tolerance in woody plants from central Canadian coastal dunes[J]. Annals of Botany，98（5）：1095-1105.

DISRAELI D J，1984. The effect of sand deposits on the growth and morphology of Ammophila breviligulata[J]. The Journal of Ecology，72（1）：145-154.

FANG J Y，YU G R，LIU L L，et al，2018. Climate change，human impacts，and carbon sequestration in China[J]. Proceedings of the National Academy of Sciences of the United States of America，115（16）：4015-4020.

HASSANPOUR A E，SELKER J S，HIGGINS C W，et al，2018. Remarkable agrivoltaic influence on soil moisture，micrometeorology and water-use efficiency[J]. Plos One，13（11）.

HAACK R A，BAUER L S，GAO R T，et al，2006. Anoplophora glabripennis within-tree distribution，seasonal development，and host suitability in China and Chicago[J]. The Great Lakes Entomologist，39（3-4）：169-183.

HAACK R A，HÉRARD F，SUN J H，et al，2010. Managing invasive populations of Asian Longhorned Beetle and Citrus Longhorned Beetle：A worldwide perspective[J]. Annual Review of Entomology，55：521-546.

KENNEY W A，1987. A method for estimating windbreak porosity using digi tized photographic silhouettes[J]. Agric For Meteteorol，39（1）：91-94.

LU F, HU H F, SUN W J, 2018. Effects of national ecological restoration projects on carbon sequestration in China from 2001 to 2010[J]. Proceedings of the National Academy of Sciences of the United States of America, 115（16）: 4039-4044.

PERCHLIK M, TEGEDER M, 2018. Leaf amino acid supply affects photosynthetic and plant nitrogen use efficiency under nitrogenstress[J]. Plant Physiology, 178（1）: 174-188.

SUN Y, ZHU J, YAN Q, et al, 2016. Changes in vegetation carbon stocks between 1978 and 2007 in central Loess Plateau, China[J]. Environmental Earth Sciences, 75（4）: 1-16.

SWANK W T, CROSSLEY D A, 1988. Forest hydrology and ecology at Coweeta[M]. New York: Spring-Verlag.

TELLMAN B, SULLIVAN J A, KUHN C, et al, 2021. Satellite imaging reveals increased proportion of population exposed to floods[J]. Nature（596）: 80-86.

TORITA H, SATOU H, 2007. Relationship between shelter-belt structure and mean wind reduction[J]. Agr Forest Meteorol, 145, 186-194.

ZHENG X, ZHU J J, XING Z F, 2016. Assessment of the effects of shelterbelts on crop yields at the regional scale in Northeast China[J]. Agricultural Systems, 143（3）: 49-60.

ZHAO W Z, LI Q Y, FANG H Y, 2007. Effects of sand burial disturbance on seedling growth of Nitraria sphaerocarpa[J]. Plant and Soil, 295（1）: 95-102.

ZHOU X H, BRANDLE J R, TAKLE E S, et al, 2002. Estimation of the three-dimensional aerodynamic structure of a green ash shelterbelt[J]. Agro Forest Meteorol, 111, 93-108.

ZHOU X H, BRANDLE J R, TAKLE E S, et al, 2008. Relationship of three-dimensional structure to shelterbelt function: A theoretical hypothe sis. [M]//BATISH D R, KOHLI R K, JOSE S, et al. Ecological Basis of Agro Forestry. New York: CRC Press: 273-285.